21 世纪高等职业技术教育通用教材

机械设计基础实训教程

王家禾　主编
焦亚桐　主审

上海交通大学出版社

内 容 简 介

　　本书是根据教育部制定的《高职高专教育机械设计基础课程教学基本要求》以及目前高职教学改革的发展要求编写的。"机械设计基础实训"是一门强调实践性环节的技术基础课。本书将知识性、系统性和实用性融为一体,围绕机械设计基础课程介绍了六个实验、CAD在机械设计中的应用、机械设计基础课程设计等实践性环节的内容和操作方法,旨在帮助读者掌握机械设计的一些实用技能,为从事相关工作打下扎实的基础。本书是上海交通大学出版社出版的《机械设计基础》教材的配套教材。

图书在版编目(CIP)数据

机械设计基础实训教程/王家禾主编. —上海:上海
交通大学出版社,2003(2014重印)
21世纪高等职业技术教育通用教材
ISBN 978-7-313-03263-8

Ⅰ. 机... Ⅱ. 王... Ⅲ. 机械设计—高等学校:
技术学校—教材 Ⅳ. TH122

中国版本图书馆 CIP 数据核字(2002)第 103065 号

机械设计基础实训教程

王家禾　主编

上海交通大学出版社出版发行

(上海市番禺路 877 号　邮政编码 200030)

电话:64071208　出版人:韩建民

常熟市文化印刷有限公司 印刷　全国新华书店经销

开本:787mm×1092mm　1/16　印张:9.5　字数:224千字

2003 年 6 月第 1 版　2014 年 7 月第 5 次印刷

印数:6 201-7 700

ISBN978-7-313-03263-8/TH・099　定价:20.00 元

序

发展高等职业技术教育,是实施科教兴国战略、贯彻《高等教育法》与《职业教育法》、实现《中国教育改革与发展纲要》及其《实施意见》所确定的目标和任务的重要环节;也是建立健全职业教育体系、调整高等教育结构的重要举措。

近年来,年青的高等职业教育以自己鲜明的特色,独树一帜,打破了高等教育界传统大学一统天下的局面,在适应现代社会人才的多样化需求、实施高等教育大众化等方面,做出了重大贡献。从而在世界范围内日益受到重视,得到迅速发展。

我国改革开放不久,从 1980 年开始,在一些经济发展较快的中心城市就先后开办了一批职业大学。1985 年,中共中央、国务院在关于教育体制改革的决定中提出,要建立从初级到高级的职业教育体系,并与普通教育相沟通。1996 年《中华人民共和国职业教育法》的颁布,从法律上规定了高等职业教育的地位和作用。目前,我国高等职业教育的发展与改革正面临着很好的形势和机遇:职业大学、高等专科学校和成人高校正在积极发展专科层次的高等职业教育;部分民办高校也在试办高等职业教育;一些本科院校也建立了高等职业技术学院,为发展本科层次的高等职业教育进行探索。国家学位委员会 1997 年会议决定,设立工程硕士、医疗专业硕士、教育专业硕士等学位,并指出,上述学位与工程学硕士、医学科学硕士、教育学硕士等学位是不同类型的同一层次。这就为培养更高层次的一线岗位人才开了先河。

高等职业教育本身具有鲜明的职业特征,这就要求我们在改革课程体系的基础上,认真研究和改革课程教学内容及教学方法,努力加强教材建设。但迄今为止,符合职业特点和需求的教材却还不多。由泰州职业技术学院、上海第二工业大学、金陵职业大学、扬州职业大学、彭城职业大学、沙洲职业工学院、上海交通高等职业技术学校、上海交通大学技术学院、上海汽车工业总公司职工大学、立信会计高等专科学校、江阴职工大学、江南学院、常州技术师范学院、苏州职业大学、锡山职业教育中心、上海商业职业技术学院、潍坊学院、上海工程技术大学等百余所院校长期从事高等职业教育、有丰富教学经验的资深教师共同编写的《21 世纪高等职业技术教育通用教材》,将由上海交通大学出版社等陆续向读者朋友推出,这是一件值得庆贺的大好事,在此,我们表示衷心的祝贺。并向参加编写的全体教师表示敬意。

高职教育的教材面广量大,花色品种甚多,是一项浩繁而艰巨的工程,除了高职院校和出版社的继续努力外,还要靠国家教育部和省(市)教委加强领导,并设立高等职业教育教材基金,以资助教材编写工作,促进高职教育的发展和改革。高职教育以培养一线人才岗位与岗位群能力为中心,理论教学与实践训练并重,二者密切结合。我们在这方面的改革实践还不充分。在肯定现已编写的高职教材所取得的成绩的同时,有关学校和教师要结合各校的实际情况和实训计划,加以灵活运用,并随着教学改革的深入,进行必要的充实、修改,使之日臻完善。

阳春三月,莺歌燕舞,百花齐放,愿我国高等职业教育及其教材建设如春天里的花园,群芳争妍,为我国的经济建设和社会发展作出应有的贡献!

叶春生

前　言

《机械设计基础实训教程》为《机械设计基础》配套教材,适用于高职高专层次。

本教材针对高职教育的特点和需要,将知识性、系统性和实用性融为一体,为培养生产第一线技术型和管理型的实用型人才而编写。主要内容有:机械设计基础实验指导,CAD在机械设计中的应用以及机械设计基础课程设计指导三大部分。本教材具有以下特点:

(1) 在加强基本概念、基本理论和基本方法的前提下,内容简明扼要,从实际出发,讲述分析问题和解决问题的方法、思路和注意点。

(2) 注重学生动手能力和综合素质的提高,强化规范化训练,培养学生良好的设计思维品质。

(3) 内容通俗易懂、循序渐进。

(4) 书中三大实训内容,我们都给出了具体的实训示例。

本教材主要用于职业大学、高等工程专科学校机械类、机电类专业机械设计基础、机械设计课程的实训教学,亦可供近机类学生使用。

参加本教材编写的有:邱瑞华、曹苹、林红喜、冯晋、周梅芳和王家禾。全书由王家禾主编,负责全书的统稿,由焦亚桐主审,负责全部文稿和图稿的审阅。

本教材得到了陈立德和吕慧英的指导,他们提出了许多宝贵意见和建议,在此表示衷心感谢。

由于编者水平有限,本教材不足的地方,恳请读者批评指正。

编　者

2002 年 11 月

目　　录

实训一　机械设计基础实验指导

　　本篇通过六个实验,将机械设计基础的一些重要知识点运用于实践,温故知新,并帮助学生掌握一些机械实验技能,培养动手能力。

1 机械设计基础实验指导概述

机械设计基础实验是《机械设计基础》课程重要的实践教学环节之一。通过实验,帮助学生掌握一些与本课程有关的最基础的实验方法,培养学生的测绘和操作技能,提高学生观察问题、分析问题和解决问题的能力,并为学习后续课程及今后从事技术工作打下必要的基础。

根据教学大纲的要求,本课程列有以下几个实验:

(1) 平面机构运动简图的绘制。

(2) 用范成原理加工渐开线齿廓。

(3) 渐开线圆柱齿轮参数的测定。

(4) 带传动的滑动率和效率的测定。

(5) 刚性回转件的静平衡和动平衡。

(6) 减速器拆装。

学生可从上述实验项目中,选做多个实验。平面机构运动简图的绘制、齿轮参数的测定、减速器拆装为必做实验,其余实验可根据条件和需要选做。

2 实验指导及实验报告

2.1 平面机构运动简图的绘制

2.1.1 目的

(1) 初步掌握正确绘制一般平面机构运动简图的方法和技能。

(2) 运用机构自由度分析平面机构运动的确定性。

2.1.2 设备和工具

(1) 各种典型机械的实物或模型。

(2) 钢板尺、钢卷尺、内卡钳、外卡钳、量角器。

(3) 学生自备纸、笔、圆规等文具。

2.1.3 原理

任何机器和机构都是由若干构件和运动副组合而成的。从运动学的观点看,机构运动特性仅与构件的数目、运动副的数目和种类、相对位置有关。此外,机构运动特性与原动件也有关系。因此,可以撇开构件的实际外形和运动副的具体构造,而用统一规定的符号(见《机械设计基础》(上海交大版)教材)表示构件和运动副,按一定的比例尺表示运动副的相对位置,绘制出机构运动简图。

2.1.4 步骤

(1) 使被测绘的机械或机构模型缓慢地运动,从原动件开始,循着运动传递的路线仔细观察机构的运动,分清各运动单元,确定构件的数目。

(2) 根据相连接两构件的接触情况及相对运动的特点,确定各运动副的种类。

(3) 选定最能清楚地表达各构件相互关系的面为投影面,选定原动件的位置,按构件连接的顺序,用规定的符号在草稿纸上以目测的比例画出机构示意图。在构件旁标注数字1,2,3,…,在运动副旁标注字母 $A, B, C, \ldots$。

(4) 仔细测量与机构运动有关的尺寸(如转动副间的中心距、移动副导路的位置或角度等),按确定的比例尺画出机构运动简图。长度比例尺

$$\mu_L = \frac{\text{构件实际长度 } L_{AB}(\mathrm{m})}{\text{构件图上长度 } AB(\mathrm{mm})}$$

(5) 分析机构运动的确定性,即计算机构的自由度并与实验机构的自由度相对照,若与实际情况不符,要找出原因并及时改正。

(6) 在草稿上自检无误后,将图交指导教师审阅。

2.1.5 思考题

(1)一张正确的机构运动简图应包括哪些必要的内容？

(2)绘制机构运动简图时,原动件位置能否任意选定？会不会影响机构运动简图的正确性？

(3)自由度大于或小于原动件数时会产生什么结果？

2.1.6 实验报告1

实验报告1

实验名称					日　期	
班　级		姓　名		学　号	成　绩	

1)测绘结果及分析

编　号		机构名称		
机构运动简图			自由度计算	比例尺 $\mu_L =$ 活动构件数 = 低副数 = 高副数 = 自由度数 = 原动件数 =

编　号		机构名称		
机构运动简图			自由度计算	比例尺 $\mu_L =$ 活动构件数 = 低副数 = 高副数 = 自由度数 = 原动件数 =

编　号		机构名称		
机构运动简图			自由度计算	比例尺 $\mu_L =$ 活动构件数 = 低副数 = 高副数 = 自由度数 = 原动件数 =

（续表）

<table>
<tr><td>编　号</td><td></td><td>机构名称</td><td colspan="3"></td></tr>
<tr><td>机
构
运
动
简
图</td><td colspan="3"></td><td>自
由
度
计
算</td><td>比例尺 μ_L＝
活动构件数＝
低副数＝
高副数＝
自由度数＝
原动件数＝</td></tr>
</table>

上面所画的四张图中，如有复合铰链，局部自由度、虚约束应在图中指明。

2）思考题答案

2.2 用范成原理加工渐开线齿廓

2.2.1 目的

(1) 了解用范成法加工渐开线齿轮齿廓的原理。

(2) 了解用上述方法加工时，齿廓产生根切现象的原因及避免根切的方法。

(3) 分析比较标准齿轮和变位齿轮齿形和几何尺寸的异同点。

2.2.2 设备和工具

(1) 齿廓范成仪。

(2) 学生自备绘图纸、圆规、三角板、剪刀、铅笔（或圆珠笔）、计算器，其中绘图纸和剪刀亦可由实验室备好。

2.2.3 实验内容

用渐开线齿廓范成仪，分析模拟范成法切制渐开线标准齿轮和变位齿轮的加工过程，在图纸上绘制出 2～3 个完整的齿形。

2.2.4 实验原理

图 2.1 所示的是一种渐开线齿廓范成仪的结构示意图。

图纸托盘 1 可绕固定轴 O 转动；钢丝 2 绕在托盘 1 背面代表分度圆的凹槽内，钢丝两端固定在滑架 3 上，滑架 3 装在水平底座 4 的水平导向槽内。因此，在转动托盘 1 时，通过钢丝

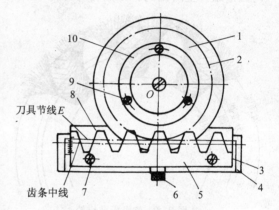

图 2.1 渐开线齿廓范成仪

1—图纸托盘；2—钢丝；3—滑架；4—水平底座；5—齿条；
6—螺旋；7,9—螺钉；8—刀架；10—压环

2 可带动滑架 3 沿水平方向左右移动，并能保证托盘 1 上分度圆周凹槽内的钢丝中心线所在圆（代表被切齿轮的分度圆）始终与滑架 3 上的直线 E（代表刀具节线）作纯滚动，从而实现对滚运动。代表齿条型刀具的齿条 5 通过螺钉 7 固定在刀架 8 上；刀架 8 架在滑架 3 上的径向导槽内，旋动螺旋 6，可使刀架 8 带着齿条 5 沿垂直方向相对于托盘 1 中心 O 作径向移动。因此，齿条 5 既可以随滑架 3 作水平移动，与托盘 1 实现对滚运动；又可以随刀架 8 一起作径向移动，用以调节齿条中线与托盘中心 O 之间的距离，以便模拟变位齿轮的范成切削。

已知齿条 5 模数为 m（例如 m 等于 15 mm 或 25 mm），压力角为 20°，齿顶高与齿根高均为 1.25 m，只是牙齿顶端的 0.25 m 处不是直线而是圆弧，用以切削被切齿轮齿根部分的过渡曲线。当齿条中线与被切齿轮分度圆相切时，齿条中线与刀具节线 E 重合，此时齿条 5 上的标尺刻度零点与滑架 3 上的标尺刻度零点对准，这样便能切制出标准齿轮。

若旋动螺旋 6，改变齿条中线与托盘 1 中心 O 的距离（移动的距离 xm 可由齿条 5 或滑架 3 上的标尺读出，x 为变位系数），则齿条中线与刀具节线 E 分离或相交。若相分离（如图 2.1 所示，此时齿条中线与被切齿轮分度圆分离，但刀具节线 E 仍与被切齿轮分度圆相切），这样

便能切制出正变位齿轮；若相交，便能切制出负变位齿轮。

2.2.5　实验步骤

2.2.5.1　范成标准齿轮

(1) 根据所用范成仪的模数 m 和分度圆直径 d，求出被切齿轮的齿数 z，并计算其齿顶圆直径 d_a、齿根圆直径 d_f 和基圆直径 d_b。

(2) 在一张厚图纸上，分别以 d_a、d_f、d 和 d_b 为直径画出四个同心圆，并将图纸剪成直径比 d_a 大 3 mm 的圆形。

(3) 将圆形纸片放在范成仪的托盘 1 上，使两者圆心重合，然后用压环 10 和螺钉 9 将纸片夹紧在托盘 1 上。

(4) 将范成仪上的齿条 5 及滑架 3 上的标尺刻度零点对准（此时齿条刀具 5 的刀顶线应与圆形纸片上所画的齿根圆相切）。

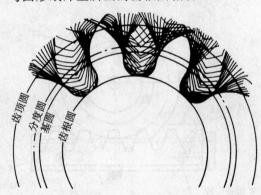

齿顶圆
分度圆
基圆
齿根圆

图 2.2　范成标准齿轮

(5) 将滑架 3 推至左（或右）极限位置，用削尖的铅笔在圆形纸片（代表被切齿轮毛坯）上画下齿条刀具 5 的齿廓在该位置上的投影线。然后将滑架 3 向右（或左）移动一个很小的距离，此时通过钢丝 2 带动托盘 1 也相应转过一个小角度，再将齿条刀具 5 的齿廓在该位置上的投影线画在圆形纸片上。连续重复上述动作，绘出齿条型刀具 5 的齿廓在各个位置上的投影线，这些投影线的包络线即为被切齿轮的渐开线齿廓。

(6) 按上述方法，绘出 2～3 个完整的齿形。如图 2.2 所示。

注：本实验最好选用模数较大（例如 $m=15$ mm）而分度圆较小（使 $z \leqslant 10$）的齿廓范成仪，以便使绘出的标准齿轮齿廓能产生较为明显的根切现象。

2.2.5.2　范成正变位齿轮

(1) 根据所用范成仪的参数，计算出不发生根切现象时的最小变位系数 $x_{min} = \dfrac{17-z}{17}$，然后取定变位系数 $x(x \geqslant x_{min})$，计算变位齿轮的齿顶圆直径 d_a' 和齿根圆直径 d_f'。

(2) 在另一张厚图纸上，分别以 d_a'、d_f'、d 和 d_b 为直径画出四个同心圆，并将图纸剪成直径比 d_a' 大 3 mm 的圆形。

(3) 同"范成标准齿轮"步骤(3)。

(4) 将齿条 5 向远离托盘中心 O 的方向移动一段距离 xm（大于或等于 $x_{min} m$）。

(5) 同"范成标准齿轮"步骤(5)。

(6) 同"范成标准齿轮"步骤(6)。绘出的齿廓如图 2.3 所示。

2.2.6　思考题

(1) 用同一把齿条刀具加工标准齿轮和变位齿轮时，定性比较下述几何参数和尺寸的变

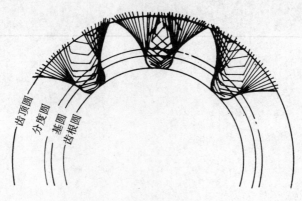

图 2.3 范成变位齿轮

化：$m, \alpha, d_a, d, d_f, d_b, h_a, h_f, s, e$ 和 p。

（2）根切现象是如何产生的？避免根切可采取哪些措施？

2.2.7 实验报告 2

实验报告 2

实验名称					日　期	
班　级		姓　名		学　号	成　绩	

1）已知数据

基本参数　$m=$　；$\alpha=$　；$z=$　；$h_a^*=$　；$c^*=$　。

变位量　$xm=$　。

2）实验结果

序　号	项　目	计算公式	计算结果		
			标准齿轮	变位齿轮	
				正变位	负变位
1	分度圆直径(mm)	$d=mz$			
2	变位系数	$x=\dfrac{变位量}{m}$			
3	齿根圆直径(mm)	$d_f=m(z-2h_a^*-2c^*+2x)$			
4	齿顶圆直径(mm)	$d_a=m(z-2h_a^*+2x)$			
5	基圆直径(mm)	$d_b=mz\cos\alpha$			
6	齿距(mm)	$p=\pi m$			
7	分度圆齿厚(mm)	$s=m\left(\dfrac{\pi}{2}+2x\tan\alpha\right)$			
8	分度圆齿槽宽(mm)	$e=m\left(\dfrac{\pi}{2}-2x\tan\alpha\right)$			

3）思考题答案

2.3　渐开线圆柱齿轮参数的测定

2.3.1　目的

（1）掌握用简单量具测定渐开线圆柱齿轮基本参数的方法。

（2）加深理解渐开线的性质，巩固并熟悉齿轮各部分尺寸与基本参数之间的相互关系。

2.3.2　设备和工具

（1）被测圆柱齿轮每小组两个（齿数为奇数和偶数各一只）。

（2）公法线千分尺。

（3）游标读数精度为 0.02 mm 的游标卡尺。

（4）机械零件设计手册。

(5) 学生自备计算器及纸、笔等文具。

2.3.3 原理

2.3.3.1 测定渐开线直齿圆柱齿轮的基本参数

(1) 测定模数 m 和压力角 α。如图 2.4 所示,当量具的测足在被测齿轮上跨 k 个齿时,其公法线长度为

$$W_k = (k+1)p_b - s_b$$

同理,若跨 $k+1$ 个齿时,其公法线长度应为 $W_{k+1} = kp_b + s_b$,所以

$$W_{k+1} - W_k = p_b \qquad (2.1)$$

又因 $p_b = \pi m \cos \alpha$,所以

$$m = \frac{p_b}{\pi \cos \alpha} = \frac{W_{k+1} - W_k}{\pi \cos \alpha} \qquad (2.2)$$

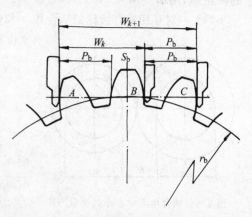

图 2.4 齿轮模数和压力角的测定

式中:p_b 为被测齿轮的基圆齿距,可从式(2.1)求得。式中的分度圆压力角 α 可能是 $15°$,也可能是 $20°$,故分别用 $15°$ 和 $20°$ 代入式(2.2)算得两个模数,其数值最接近于标准模数的一组 m 和 α,即是被测齿轮的模数 m 和压力角 α。

为了使量具的量足能保证与齿廓的渐开线部分相切,所需的跨齿数 k 不能随意定。它受齿数、压力角和变位系数等多种因素的影响,实验时可初步参照表 2.1 查出。

表 2.1 跨齿数 k 与齿数 z 的对照表

z	12~18	19~27	28~36	37~45	46~54	55~63	64~72	73~81
k	2	3	4	5	6	7	8	9

(2) 测定变位系数 x。与标准齿轮相比,变位齿轮的齿厚发生了变化,所以它的公法线长度与标准齿轮的公法线长度也就不相等。两者之差就是公法线长度的增量,它等于 $2xm\sin\alpha$。

设 W_k 为被测齿轮跨 k 个齿的公法线长度,W_k' 为同样 m、z 和 α 的标准齿轮跨 k 个齿的公法线长度,则 $W_k - W_k' = 2xm\sin\alpha$,即

$$x = \frac{W_k - W_k'}{2m\sin\alpha} \qquad (2.3)$$

式中:W_k' 为理论计算值,可从机械零件设计手册中查得,代入式(2.3)即可求出变位系数 x。若 $W_k = W_k'$,则为标准齿轮,$x=0$。

(3) 测定齿顶高系数 h_a^* 和顶隙系数 c^*。为了测定 h_a^* 和 c^*,应先测出齿根圆直径 d_f。对于齿数为偶数的齿轮,d_f 可用游标卡尺直接测出。对于齿数为奇数的齿轮,则需用间接法进行测量。由图 2.5 可知,$d_f = D_k + 2H$。由此可求得齿根高 h_f 的测定值

$$h_f = \frac{mz - d_f}{2}$$

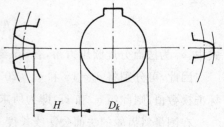

图 2.5 测定 h_a 和 c^*

11

而齿根高的计算公式为

$$h_f = m(h_a^* + c^* - x)$$ (2.4)

其中仅 h_a^* 和 c^* 为未知。因为不同齿制的 h_a^* 和 c^* 都是已知的标准值,故以正常齿制的 $h_a^* = 1, c^* = 0.25$ 和短齿制的 $h_a^* = 0.8、c^* = 0.3$ 两组标准值分别代入式(2.4),看何者最接近于 h_f 的测定值,则那一组 h_a^* 和 c^* 即为所求。

(4) 一对互相啮合齿轮的啮合角 α' 和中心距 a 之测定。一对互相啮合齿轮,根据所测得的变位系数 $x_1、x_2$,应用下式可算出啮合角 α' 和中心距 a:

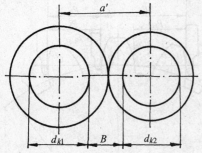

$$inv\, \alpha' = \frac{2(x_1 + x_2)}{z_1 + z_2} \tan \alpha + inv\, \alpha \qquad inv\, \alpha = \tan \alpha - \alpha$$

$$a = \frac{m}{2}(z_1 + z_2) \frac{\cos \alpha}{\cos \alpha'}$$

实验时可用游标卡尺直接测定这对齿轮的实际中心距 a',并与计算结果进行比较。具体的测量方法如图 2.6 所示,首先使该对齿轮按无齿侧间隙啮合,然后分别测出 d_{k1}, d_{k2} 和 B 等尺寸,得

图 2.6 啮合角和中心距的测量方法

$$a' = B + \frac{1}{2}(d_{k1} + d_{k2})$$

2.3.3.2 斜齿圆柱齿轮在法面内的基本参数 $(m_n, \alpha_n, h_{an}^*, c_n^*、\beta)$ 的测定

(1) 用游标卡尺测定斜齿轮法面公法线长度的方法来确定 $m_n、\alpha_n$。对斜齿轮而言,不能在端面内用游标卡尺测量端面公法线长度 W_{tk},只能在法面内测量斜齿轮法面公法线长度 W_{nk},W_{tk} 与 W_{nk} 存在下列关系:

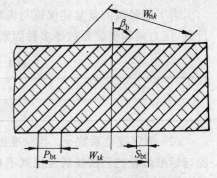

$$W_{nk} = W_{tk} \cos \beta_b$$

法面公法线长度的测量方法如图 2.7 所示。用游标卡尺在斜齿轮的法面内,跨过 k 个齿,测量齿廓间的公法线长度为 W_{nk}。

然后再跨过 $k+1$ 个齿,测得公法线长度为 $W_{n(k+1)}$。为了保证使游标卡尺的两个量足与齿廓在分度圆附近相切,跨齿数 k 值的确定同前。按

图 2.7 法角公法线长度的测量方法

$$p_{bn} = W_{n(k+1)} - W_{nk}$$

得

$$m_n = \frac{p_{bn}}{\pi} = \frac{p_{bt}}{\pi \cos \alpha_n}$$

式中:α_n 为法面分度圆压力角,有 $15°$ 与 $20°$ 两种(一般为 $20°$)

因此,可分别将 $\alpha_n = 15°$ 和 $\alpha_n = 20°$ 代入并算出相应的 m_n 值,其中必有一值最接近于某一标准模数值,则此组 α_n 和 m_n 即为所求的值。

在测量斜齿轮的法面公法线长度 W_{nk} 时,如齿宽太窄($b < W_{nk} \sin \beta$),游标卡尺的一量足就会伸出齿外而量不到,此时只好改用测量固定弦齿厚及固定弦齿高的办法来解决。其计算式

为

$$S_{cn} = \frac{\pi m_n}{2}\cos 2\alpha_n$$

$$h_{cn} = h_a - \frac{1}{2}s_{cn}\tan\alpha_n$$

从而求得 m_n 和 α_n。

（2）用滚印法确定斜齿轮螺旋角。在斜齿轮的齿顶圆上涂一层薄薄红丹，于白纸上将齿轮端面靠着直尺顺一个方向滚印出齿顶的痕迹，即相当于按齿顶圆柱展开，如图 2.8 所示可得齿顶圆螺旋角 β_a，即

$$\tan\beta_a = \frac{\pi d_a}{s_a}$$

式中：s_a 为齿顶圆柱的导程。

由于斜齿轮各圆柱的导程均相等，故可建立

$$\frac{\pi d_a}{\tan\beta_a} = s_a = s = \frac{\pi d}{\tan\beta}$$

其中

$$d = \frac{m_n z}{\cos\beta}$$

故可得分度圆螺旋角

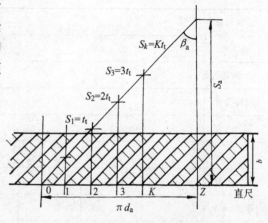

图 2.8　齿顶圆螺旋角的测定

$$\beta = \arcsin\left(\frac{m_n z \tan\beta_a}{d_a}\right)$$

式中：齿顶圆螺旋角 β_a 和齿顶圆直径 d_a 可由测量而得，若斜齿轮的螺旋角 β 较小时，可按下式求得近似值：

$$\beta = \arcsin\left(\pi m_n \frac{k}{s_k}\right)$$

2.3.4　步骤

（1）数出齿数，按表 2.1 查取跨齿数 k。

（2）对实验报告 3 中所需测量数据进行测量，对每个尺寸测量三次，取其平均值作为测量结果。

（3）按有关公式逐个计算齿轮的参数并记入实验报告中。

2.3.5　思考题

（1）测量齿轮公法线长度的公式 $W_k = (k-1)p_b + s_b$ 是依据渐开线的哪条性质推导而得的？

（2）决定齿廓形状的参数有哪些？

（3）测量时，量足若放在渐开线齿廓的不同位置上，对所测定的 W_k、W_{k+1} 有无影响？为什么？

（4）在测量 d_a 和 d_f 时，对偶数齿与奇数齿的齿轮在测量方法上有什么不同？

（5）两个齿轮的参数测定后，怎样判断它们能否正确啮合？如能，又怎样判断它们的传动类型？

2.3.6　实验报告3

实验报告 3a

实验名称					日　期	
班　级		姓　名		学　号	成　绩	

1）测量数据

齿轮编号								
z								
k								
测量次数	1	2	3	平均值	1	2	3	平均值
W_k(mm)								
W_{k+1}(mm)								
d_f(mm)								
B(mm)								
d_k(mm)								

2）计算结果

项　目	计算公式	计算结果	
p_b	$p_b = W_{k+1} - W_k$	$p_{b1} =$	$p_{b2} =$
m 和 α	$m = \dfrac{p_b}{\pi \cos \alpha}$	$m_1 =$ $\alpha_1 =$	$m_2 =$ $\alpha_2 =$
$W_k{}'$	查机械零件设计手册	$W_{k1}{}' =$	$W_{k2}{}' =$
x	$x = \dfrac{W_k - W_k{}'}{2m \sin \alpha}$	$x_1 =$	$x_2 =$
h_f	$h_f = \dfrac{mz - d_f}{2}$	$h_{f1} =$	$h_{f2} =$
h_a^* 和 c^*	$h_f = m(h_a^* + c^* - x)$	$h_{a1}^* =$ $c_1^* =$	$h_{a2}^* =$ $c_2^* =$
a	$a = \dfrac{m}{2}(z_1 + z_2)$	$a =$	
a'	$a' = B + \dfrac{1}{2}(d_{k1} + d_{k2})$	$a' =$	
α'	$\alpha' = \arccos(a \cos \alpha / a')$	$\alpha' =$	

14

（续表）

3）思考题答案

实验报告 3b

实验名称						日 期	
班 级		姓 名		学 号		成 绩	

1）测量数据

齿轮编号								
z								
k								
测量次数	1	2	3	平均值	1	2	3	平均值
W_{nk}								
$W_{n(k+1)}$								
d_a								
S_a								
S_k								

2）计算结果

项　目	计算公式	计算结果	
p_{bn}	$p_{bn}=W_{n(k+1)}-W_{nk}$	$p_{b1n}=$	$p_{b2n}=$
m_n	$m_n=\dfrac{p_{bn}}{\pi\cos\alpha_n}$	$m_{n1}=$ $\alpha_{n1}=$	$m_{n2}=$ $\alpha_{n2}=$
β_a	$\beta_a=\arctan(\pi d_a/s_a)$	$\beta_{a1}=$	β_{a2}
β	$\beta=\arcsin\left(\dfrac{m_n z\tan\beta_a}{d_a}\right)$ 或 $\beta=\arcsin\left(\pi m_n\dfrac{k}{s_k}\right)$	$\beta_1=$	β_2

2.4　带传动的滑动率和效率的测定

2.4.1　目的

（1）观察、验证带传动的弹性滑动及打滑现象。

（2）建立带传动效率的定量概念，了解外载荷对传动效率的影响。

（3）了解带传动实验台的工作原理和相关的仪表。

2.4.2　设备和工具

（1）带传动实验台。

（2）转速表、秒表。

2.4.3　原理

本实验是在带传动实验台（见图2.9）上进行的，实验台由带传动部分、电气部分和测试部分组成。

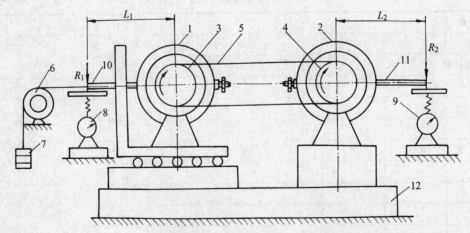

图2.9　带传动实验台

1—电动机；2—发电机；3—主动带轮；4—从动带轮；5—传动带；6—滑轮；7—砝码；8,9—拉力计；

10,11—测力臂；12—电气箱

实验时,传动带套装在主动带轮 3 和从动带轮 4 上,主动带轮和从动带轮分别装在电动机 1 和发电机 2 的转子轴上。用砝码 7 通过滑轮 6 拖动电动机沿滚珠轨道水平移动,使转动带有适量的初拉力。

电气部分装在电气箱 12 内,由电气箱面板上相应的旋钮控制启动、调速、加载等。

2.4.3.1　滑动系数的测定

滑动系数 ε 的计算公式:

$$\varepsilon = \frac{v_1 - v_2}{v_1} \times 100\% = \frac{\pi d_1 n_1 - \pi d_2 n_2}{\pi d_1 n_1} \times 100\%$$

由于实验台两带轮直径相等,即 $d_1 = d_2$,所以有

$$\varepsilon = \frac{v_1 - v_2}{v_1} \times 100\% = \frac{n_1 - n_2}{n_1} \times 100\% = \frac{\Delta n}{n_1} \times 100\% \qquad (2.5)$$

式中:v_1 为主动带轮线速度,v_2 为从动带轮线速度,n_1 为主动带轮转速(r/min),n_2 为从动带轮转速(r/min),Δn 为转速差(r/min)。转速差大时,可用转速表测得 n_1 和 n_2。

由于实验时是逐步加载的,刚开始载荷小,转速差也小,用转速表不易测出,可以用测光轴飘移量的方法,直接测出转速差。

如图 2.10 所示,电动机测速盘上镶有一块磁钢,每转到舌簧管上方一次,舌簧管就闭合一次,使发电机一侧的光轴亮一次。

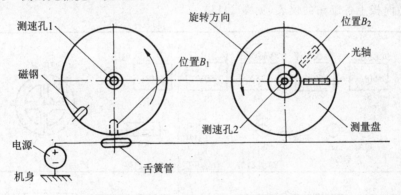

图 2.10　电动机测速原理图

若传动带无滑动,每当磁钢到达舌簧管正上方时,光轴总是在位置 B_2 发亮。由于人眼的惰性,当转速超过 24 r/min 时,仿佛在位置 B_2 保持着一根红色光轴。

若传动带有稍许滑动,每当磁钢到达舌簧管正上方时,光轴都滞后于先前位置发光,给人的印象是光轴向后飘移。只要测出一分钟内光轴向后飘移的次数,就是转速差 Δn。

在不同载荷作用下,测出相应的 n_1 和 n_2(或 Δn),就可按式(2.5)计算出相应的滑动系数 ε。

2.4.3.2　转矩的测量

如图 2.9 所示,电动机启动后,由于转子磁场和定子磁场的相互作用,固定在各定子上的测力臂 10 和 11,分别作用于拉力计 8 和 9,其力 R_1 和 R_2 分别由拉力计上读出,从而可计算出作用在主动带轮和从动带轮上的转矩 T_1 和 T_2,计算公式为:

$$T_1 = R_1 L_1 \quad (\text{N} \cdot \text{m}) \tag{2.6}$$

$$T_2 = R_2 L_2 \quad (\text{N} \cdot \text{m}) \tag{2.7}$$

式中:L_1 和 L_2 分别为电动机和发电机上测力臂的长度。

实验时,负载的改变是通过改变发电机的激磁电源,使发电机的电枢电流改变,从而达到改变负载的目的。

2.4.3.3 效率的计算

电动机的输出功率

$$P_1 = \omega_1 T_1 = \frac{\pi n_1}{30} L_1 R_1 \tag{2.8}$$

发电机的输出功率

$$P_2 = \omega_2 T_2 = \frac{\pi n_2}{30} L_2 R_2 \tag{2.9}$$

因为本实验台的 $L_1 = L_2$,所以效率

$$\eta = \frac{P_2}{P_1} = \frac{n_2 R_2}{n_1 R_1} = \frac{R_2}{R_1}(1 - \varepsilon) \tag{2.10}$$

2.4.4 实验步骤

(1) 熟悉面板上各旋钮的仪表(见图2.11)。

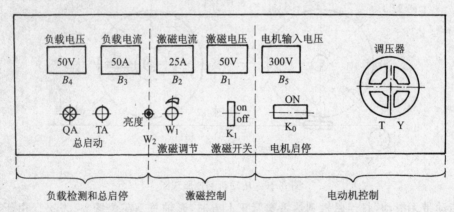

图 2.11 测定装置面板图

(2) 将传动带套装在两带轮上,挂上砝码,使转动带张紧。

(3) 调整测力臂,使其平衡。调整拉力计表盘面,使指针为零。将调压器指针指向零处。

(4) 接通电源,检验机身是否带电。

(5) 按下总启动的绿色按钮,绿灯亮,此时电风扇启动。

(6) 闭合激磁开关,旋转激磁调节旋钮使激磁电流为零。

(7) 按下电动机启停开关的"ON"键,电动机启动,转动调压器,使电动机电压平稳升高至 $180 \sim 220$ V。

(8) 逐渐旋转激磁调节旋钮,使激磁电流慢慢增大,随时记录下各时刻放慢的拉力计示值 R_1 和 R_2 及相应的 n_1、n_2 和 Δn(测试点不得少于 6 个),仔细观察从弹性滑动直至打滑的全过程。

(9)打滑后,迅速将磁调节旋钮反转,激磁电流减小,使其卸载。

2.4.5 思考题

(1)外载荷对传动效率有何影响?

(2)根据所作的滑动曲线 ε-R_2,可得出什么结论?

2.4.6 实验报告4

实验报告 4

实验名称				日 期	
班 级		姓 名	学 号	成 绩	

1)内容

(1)已知数据:

① 传动带类型:O 型 V 带;

② 电动机输入电压:180～220V;

③ 砝码配重:28N;

④ 传动带包角:180°;

(2)测量数据及计算结果:

数 值 次 数 ＼ 项目	R_1 (N)	R_2 (N)	n_1 (r/min)	n_2 (r/min)	Δn (r/min)	ε (%)	η (%)
1							
2							
3							
4							
5							
6							
7							
8							

2)思考题答案

2.5 刚性回转件的静平衡和动平衡

2.5.1 目的

(1) 巩固刚性回转件平衡的理论知识。

(2) 掌握一种常用的刚性回转件静平衡实验法。

(3) 了解某些动平衡机的工作原理、操作规程和实验方法(动平衡实验亦可作为教师的演示实验)。

2.5.2 设备和工具

(1) 导轨式静平衡架。

(2) 静平衡和动平衡试件各一个。

(3) 平衡重量(橡皮泥等)。

(4) 普通天平。

(5) 水平仪。

(6) 动平衡实验机。

(7) 钢板尺、游标卡尺、活扳手、量角器等。

2.5.3 刚性回转件的静平衡

2.5.3.1 原理

静不平衡的回转构件,其重心必然偏离自身的回转轴线而形成偏重。只要测出回转构件不平衡重径积的大小和方向,并在其相反方向加一个适当的配重,从而使重心与自身的回转轴线重合,即可实现静平衡。根据构件的结构特点,在偏重的一方去掉适当的材料也可达到目的。

2.5.3.2 实验步骤

(1) 实验在图 2.12 所示的静平衡架上进行。首先用水平仪器检查导轨的纵向和横向的水平性并调整好。

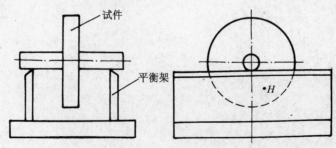

试件

平衡架

·H

图 2.12

（2）将试件轻放到导轨上，使之能自由转动。如试件重心 H 不在通过回转轴线的铅垂面内，则试件静止后重心必处于最低位置（由于轴与导轨处滚动摩擦的影响而稍有偏差，可使试件向相反方向稍稍滚动后再修正重心位置的方法来校正）。记下最低位置并通过轴心画出一条直线。

（3）在与重心相反的方向上，任选半径处加一平衡重，轻轻松开试件，观察其转动方向，判断所加的平衡重是太大还是不足。不断调整平衡重量及所在半径，重复上述做法，直到试件在任何位置均可静止不动为止。

（4）测出平衡重量的大小及其所在半径的长度和相位角（以校正画内画定的径向基线为 $0°$，逆时针方向为正）。

2.5.3.3 思考题

（1）刚性回转构件不平衡有什么危害？
（2）静平衡实验法适用于哪类试件？为什么？

2.5.4 刚性回转件的动平衡

2.5.4.1 原理

如教材中所述，对于动不平衡的回转构件，无论在几个不同的平行回转平面有多少个偏心重量，都可以在任选的两个平衡基面内，各加一个适当的配重而得到完全平衡。

国产 DS 系列电子闪光式动平衡实验机，目前在实验室和生产现场使用较多。它有多种型号，仅是规格不同，工作原理基本相同。

如图 2.13 所示，动平衡实验机由机架、试件支架、驱动系统和测量系统四部分组成。电动机经带传动使试件在支架的滚轮支承上高速旋转。由于偏重的存在而产生离心惯性力，迫使支架在水平方向作横向振动。振幅与试件的偏重成正比，它的频率为试件的旋转频率。支架旁装有电磁式传感器，把支架的振动转变成电信号，然后经测量系统的电气线路处理后传到电表和闪光灯。电表的读数指示出校正面内不平衡重径积的大小。闪光灯安装在试件旁，与试

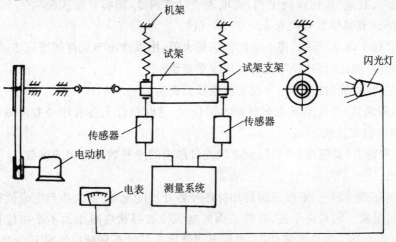

图 2.13　动平衡实验原理图

件轴线处于同一水平面上,闪光灯设计成在试件振幅最大时闪光。当试件角速度远大于振动系统的临界角速度时,振幅与不平衡重径积的相位差是180°,即靠闪光灯的水平一侧正好是不平衡重径积的相反方向(通常称为"轻"边)。试件圆周上事先画有刻度,标上序号数,则闪光灯照射的数字就指示出不平衡重径积的相位。因此,在闪光照射处加上配重,即可使试件获得平衡。

2.5.4.2 实验步骤

图2.14中,左上方四个旋钮专供成批试件平衡图,实验时将它们置于图示位置即可。

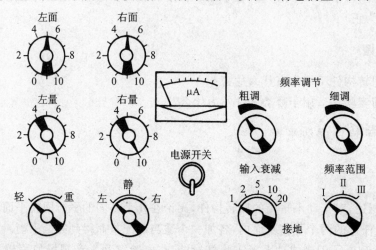

图 2.14 电表面板图

(1) 将试件安装到支架滚轮上,在试件轴颈与滚轮间加少许润滑油。

(2) 接通电源,预热3~5 min。

(3) 按说明书提供的资料和试件外径计算出试件的转速,将"频率范围"旋钮指向相应的转速档。

(4) 松开支架锁紧装置,启动电动机使试件转动。

(5) 将"输入衰减"旋钮指向1档,若电表超过满刻度,则将它顺次旋向2、5、10、20各档,以减弱输入信号(衰减倍数顺次为2、5、10、20倍)。

(6) 转动"频率调节"旋钮,使电表读数达最大值,用以选出与试件转速同步的电信号。

(7) 将"轻重"旋钮指向"轻"(设用增加配重校正)。

(8) 将"左静右"旋钮指向"左"(设先测左校正面)。

(9) 开启闪光灯,并将它靠近试件的水平位置,这时试件上标有序号数的刻度基本不动。记下序号数和电表的读数。

(10) 将"左静右"旋钮指向"右",记下闪光灯照出的序号数和电表的读数。

(11) 停机。

(12) 分别在试件的左、右校正面的相应序号数处加配重(配重大小与电表读数成正比)。

(13) 开机复验。若对应于左、右校正面的电表读数都相应减小而不平衡位置仍在原处,说明所加配重还不够。如此重复几次,直到电表读数在信号不衰减的情况下小于5~10格(视平衡精度要求而定),试件上的序号数在闪光灯下已看不清楚时为止。

2.5.4.3 思考题

(1) 动平衡实验法适用于哪类试件？为什么？

(2) 试件经动平衡后是否还需要进行静平衡？为什么？

(3) 动平衡合格的试件，是否意味着它就绝对平衡了？

2.5.5 实验报告5

实验报告 5a

实验名称				日　期	
班　级		姓　名		学　号		成　绩	

1) 测量数据

试件编号					
项　目	平衡重量(N)	向径(mm)	相位角(°)	重径积(N·mm)
第一次测量				
第二次测量				
第三次测量				

实验报告 5b

实验名称		审阅	
班　级 (单位)		姓　名		实验日期		年　月　日

(1) 动平衡机型号_____

转子重量：_____(N)

加平衡重处的半径：

左平衡面_____(cm)

右平衡面_____(cm)

(2) 实验数据

	次序	"输入衰减"档位	显示装置读数	不平衡量位置编号	所加平衡重量(N)	平衡量位置编号
左平衡面	1					
	2					
	3					
	4					
	5					
	6					
	7					
	8					

	次序	"输人衰减"档位	显示装置读数	不平衡量位置编号	所加平衡重量(N)	平衡量位置编号
右平衡面	1					
	2					
	3					
	4					
	5					
	6					
	7					
	8					

2) 思考题答案

2.6 减速器拆装

2.6.1 实验目的

（1）了解减速器各部分的结构特点,并分析其结构工艺性。

（2）了解减速器各部分的装配关系、安装及调整过程。

（3）了解减速器各附件的用途及特点。

2.6.2 实验要求

(1) 按正确的程序拆、装减速器及各轴系零件,分析减速器结构及各零件功用。

(2) 估测减速器主要参数,绘出传动示意图。

(3) 完成实验报告。

2.6.3 实验设备及仪器

(1) 各类一级、二级齿轮减速器、蜗杆减速器、齿轮—蜗杆减速器模型或实物。

(2) 钢直尺、游标卡尺、内卡钳、外卡钳,拆、装用组合工具一套。

(3) 红铅油涂料、铅丝等。

(4) 自备钢笔、直尺等绘图用具。

2.6.4 实验步骤

(1) 观察此减速器的外貌特点,如何安装在使用场合? 输入、输出轴的外伸端如何与联轴器或其他零件相连?

(2) 打开箱盖,观察并讨论:

① 轴与轴承的装配方法、结构特点:轴上零件的轴向固定方法,挡圈的作用、形状与材料;轴承的固定、调整与密封。

② 减速器的齿轮是直齿还是斜齿? 如果是斜齿,请注意中间轴上两齿轮的螺旋方向。齿轮可能采用的材料和制造方法。

③ 轴承盖部分:分析外伸端轴承盖的密封方式,轴承盖是嵌入式还是螺钉连接式? 分析其优缺点。

④ 润滑部分:齿轮与轴承的润滑方法;放油孔的位置、油塞形状、油面指示方法;挡油环的作用与布置。

⑤ 箱体结构:窥视孔、透气孔、筋板的作用、位置与结构;定位销作用及位置,吊环吊钩的形状、位置,螺栓凸台的位置及大小、壁厚、铸造工艺特点、加工方法等。

(3) 利用钢尺、卡钳等简单估计减速器主要尺寸和参数,将测得的参数或计算结果记录于表中,画出减速器传动示意图。

(4) 分析装配顺序及轴承组合的调整。在测量轴承轴向间隙时,先固定好百分表,用手推动轴到一端,然后再推动轴至另一端,百分表上所指示的量即为轴承轴向间隙的大小,检查所测轴承轴向间隙大小是否符合要求,若不符合,则应进行调整以便得到所要求的轴向间隙。

(5) 盖好箱体盖使减速器复原。对于实物减速器,在装配前应对每个零件进行必要的清洗,将装好的轴系零部件装到机座原位置上,作齿轮接触精度齿侧间隙和轴承轴向间隙的测量。

① 测量齿轮的接触精度。在主动齿轮的 3~4 轮齿上均匀地涂上一薄层红铅油,用手转动主动轮,则从动轮齿面上将被印出接触斑点,如图 2.15 所示。

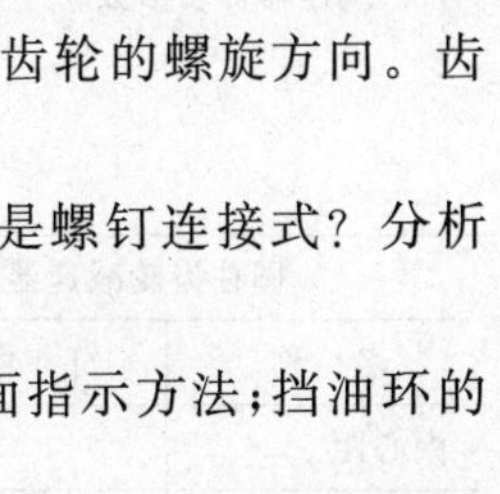

接触精度通常用接触斑点大小与齿面大小的百分比来表示。沿齿长方向接触痕迹的长度$(b''-c)$与工作长度 b' 之比,即$(b''-c) / b' \times$

图 2.15 齿面接触痕斑点

25

100%；沿齿高方向接触痕迹的平均高度 h'' 与工作高度 h' 之比，即 $h''/h' \times 100\%$。

将测量值与国标值相比较，检验齿轮接触精度是否符合国标规定。

② 测量齿侧间隙 j_n。将直径稍大于齿侧间隙的铅丝（或铅片）插入相互啮合的轮齿之间，转动齿轮辗压轮齿间的铅丝，齿测间隙等于铅丝变形部分最薄的厚度，用千分尺或游标卡尺测出其厚度大小，并与国标值比较，检验齿侧间隙是否符合国标规定。

若接触精度和齿侧间隙检查不符合要求，可对齿面进行配研、跑合或调整传动件的啮合位置，以致达到传动精度要求。

2.6.5 思考题

回答实验步骤中提出的问题，并进行简要的分析和讨论。

2.6.6 实验报告6

实验报告6

实验名称					日 期	
班 级		姓 名		学 号	成 绩	

1) 实验结果

(1) 减速器传动示意图（见图2.16）：

(2) 减速器传动参数：

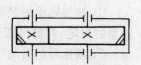

图 2.16

圆柱齿轮减速器(或圆锥齿轮减速器)				蜗杆减速器		
名 称	符 号	高速级	低速级	名 称	符 号	
中心距	a			中心距	a	
模数	m			模数	m	
压力角	α			压力角	α	
螺旋角	β			蜗杆头数	z_1	
齿轮齿数	z_1			蜗轮齿数	z_2	
	z_2			蜗杆特性系数	q	
分度圆直径	d_1			蜗杆分度圆导程角	λ	
	d_2			分度圆直径	d_1	
变位系数	x_1				d_2	
	x_2			变位系数	x	
节锥顶距	R					
节锥角	δ_1					
	δ_2					
传动比	i					
总传动比	$i_\text{总}$					

注：只填写所测减速器的参数。

（3）装配要求测定：

减速器名称			设备编号		
精度等级 （按 JB 规定写出）	高速级齿轮				
	低速级齿轮				

项　目		测量值 （mm）	JB 标准规定值 （mm）	是否符合规定
侧隙大小	高速级 j_n			
	低速级 j_n			
接触斑点	沿齿长方向（%）			
	沿齿高方向（%）			
接触斑点的分布 情况及尺寸图 （只画一对）	＿＿＿＿速级齿轮 $\dfrac{b''-c}{b'}\times100\%=$ $\dfrac{h''}{h'}\times100\%=$			

轴向间隙	轴　号	测量值（mm）	规范要求值（mm）	调整后的间隙值（mm）
	高速轴			
	中速轴			
	低速轴			

（4）轴承型号和润滑方式：

	轴承型号					润滑方式	
高速级	主动轴		低速级	主动轴		齿轮	
	从动轴			从动轴		轴承	

5）思考题答案

3　机械设计基础实验示例

图 3.1 为某冲床主机构，试绘制该机构的运动简图。

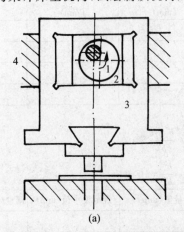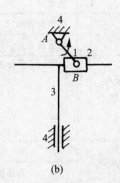

(a)　　　　　　　　　　(b)

图 3.1　冲床主机构图

1—偏心轮；2—滑块；3—冲头；4—机架

由图 3.1(a)可知该机构由偏心轮 1、滑块 2、冲头 3 与机架 4 所构成。冲头 3 为输出构件，冲头 3 和滑块 2 都是从动件，偏心轮 1 是机构的原动件。

冲头 3 与机架 4、滑块 2 与冲头 3 均构成移动副，而偏心轮 1 与滑块 2 构成转动副 B，偏心轮 1 绕固定轴线作定轴转动，与机架构成固定转动副 A。

在机构运动简图中，冲头 3 在水平和垂直两个方向上均与其他构件形成移动副，可简化为 T 字型杆件，而偏心轮 1 可简化为杆 AB，其杆长等于偏心距 e。

绘图时应注意构件间相对位置，AB 的距离为 e、3 杆导路应通过 A 点。

取比例尺 $\mu_L=4$，绘机构运动简图如图 3.1(b)所示。

$$n=3, P_L=4, P_H=0, F=3n-2P_L-P_H=3\times3-2\times4-0=1$$

即原动件数为 1。

因为机构的自由度数与原动件数目相同，所以机构运动确定。

实训二 CAD 在机械设计中的应用

计算机辅助设计(CAD)是传统设计方法与计算机技术相结合的产物,具有快速、准确等特点。本篇通过对曲柄连杆机构连杆上某点轨迹的求取和 V 型带传动设计等两个例子,初步展示从传统设计方法到计算机辅助设计的一般方法和步骤。

4　曲柄摇杆机构连杆点轨迹的绘制

4.1　实例分析

图 4.1 所示为曲柄摇杆机构。已知各构件尺寸 l_1、l_2、l_3、l_4 及尺寸 l_M 和角 β。那么由图 4.1 可得点 M 的轨迹方程：

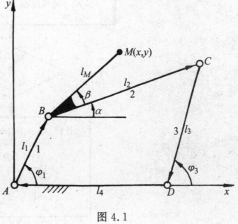

图 4.1

$$\left.\begin{array}{l} x = l_1 \cos\varphi_1 + l_M \cos(\alpha + \beta) \\ y = l_1 \sin\varphi_1 + l_M \sin(\alpha + \beta) \end{array}\right\} \quad (4.1)$$

式中：

$$\alpha = \arccos N + \gamma \quad (4.2)$$

$$\gamma = \arctan \frac{j}{k} \quad (4.3)$$

$$j = l_1 \sin\varphi_1 \quad (4.4)$$

$$k = l_1 \cos\varphi_1 - l_4 \quad (4.5)$$

$$N = -p\cos\gamma \quad (4.6)$$

$$p = \frac{k^2 + j^2 - l_3^2 - l_2^2}{2l_2 k} \quad (4.7)$$

以上方程即求解点 M 轨迹的数学模型。程序中所涉及主要标识符见表 4.1

表 4.1　求点 M 轨迹方程的符号、标识符，单位表

算式中的符号	程序中的标识符	说　　明	单　　位
l_1	A	曲柄长度	m
l_2	B	连杆长度	m
l_3	C	摇杆长度	m
l_4	D	机架长度	m
l_M	E	点 M 至铰链 B 的距离	m
φ_1	G	曲柄与 x 轴的夹角	度
β	F	MB 与连杆的夹角	度
α	H	连杆与 x 轴的夹角	度
γ	M	中间变量	弧度
j	J	中间变量	m
k	K	中间变量	m
p	P	中间变量	m
N	N	中间变量	m
	V	中间变量	度
	L	中间变量	m

流程图见图 4.2。

源程序见附录Ⅰ。

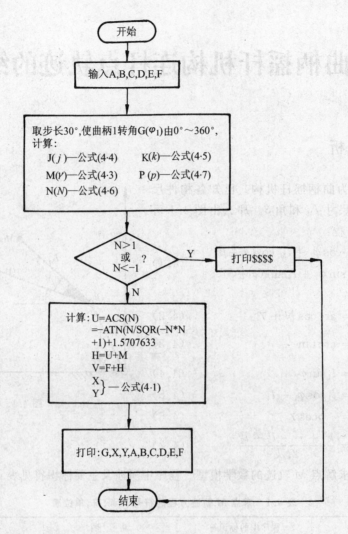

图 4.2　求点 M 的流程图

4.2　实际算例及计算结果

4.2.1　已知条件

$$l_1 = 0.15\text{m},\quad 即\ A = 0.15$$
$$l_2 = 0.8\text{m},\quad 即\ B = 0.8$$
$$l_3 = 0.6\text{m},\quad 即\ C = 0.6$$
$$l_4 = 0.5\text{m},\quad 即\ D = 0.5$$
$$l_M = 0.4\text{m},\quad 即\ E = 0.4$$
$$\beta = 270°,\quad 即\ F = 270$$

4.2.2 计算结果

G=0	X=.428 097 948
	Y=−.287 509 185
G=30	X=.354 506 208
	Y=−.255 989 068
G=60	X=.279 914 461
	Y=−.213 622 118
G=90	X=.211 283 962
	Y=−.189 645 532
G=120	X=.157 635 553
	Y=−.195 489 336
G=150	X=.132 309 01
	Y=−.227 066 942
G=180	X=.144 942 118
	Y=−.270 202 049
G=210	X=.195 904 514
	Y=−.307 053 735
G=240	X=.274 927 153
	Y=−.323 684 582
G=270	X=.363 353 876
	Y=−.317 254 181
G=300	X=.436 955 803
	Y=−.300 162 428
G=330	X=.465 644 466
	Y=−.292 435 537
G=360	X=.428 097 948
	Y=−.287 509 185
A=.15	B=.8
C=.6	D=.5
E=.4	F=270

4.2.3 计算机绘制的点 M 轨迹图

计算机绘制的点 M 轨迹见图 4.3。

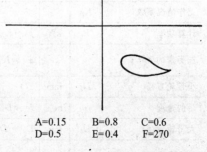

A=0.15　　B=0.8　　C=0.6
D=0.5　　E=0.4　　F=270

图 4.3 计算机绘制的点 M 轨迹图

33

5 V型带传动设计

V型带传动设计过程中,其原始数据和有关参数并不是全部确定已知的,有些需要指定,有些需要查表,有些需要从有关图表中进行拟合,有些甚至还要应用到插值计算等方法进行计算。其设计计算过程与机构运动、动力分析相似,数据处理过程复杂,设计过程常有反复,实现过程较为繁复。

本章初步讨论解决V型带传动设计的一般方法。

5.1 实例分析

5.1.1 确定原始数据

V型带传动设计和原始数据为:传动功率 P,主动轮转速 n_1,从动轮转速 n_2(或传动比 i),初定中心距 a_0(当中心距有要求时),V带强力层材质,小带轮直径 D_1,工作状况(原动机种类、载荷性质、工作班制)。

5.1.2 确定输入的表格和数据

V带传动设计过程中需要检索的数据有:工作情况系数 K_A,内周长度 L_i,节线长度 L_p,小带轮包角系数 K_α,传动比系数 K_j,长度系数 K_c,弯曲影响系数 K_b 及单根V带传能传递的功率 P_0。

以上数据,在本程序中是以数表的程序化或公式化的方法处理的。处理的具体方法参阅附录Ⅱ。

5.1.3 V带传动的设计步骤

详见表5.1

表5.1 V带传动的设计步骤表

计算项目	符号	单位	计算公式	备注
工作情况系数	K_A			数表程序化后,由计算机选取
计算功率	P_c	kW	$p_0 = K_A P$	
选择带的型号			$n_1' = K_4 P_c^{1.5}$ 及 $n_1' = n_{max}$	将选型线图拟合成数学公式,由计算机选取。K_4、n_{max} 值详见附录表Ⅱ.1
小带轮直径	D_1	mm		赋值
带的速度	v	m/s	$v = \pi D_1 n_1 / 60\,000$	$5 \leqslant v \leqslant 25$
大带轮直径	D_2	mm	$D_2 = i D_1$	圆整为整数
初定中心距	a_0	mm	$a_1 = 0.7(D_1 + D_2)$ $a_2 = 2(D_1 + D_2)$	$a_1 \leqslant a_0 \leqslant a_2$ 或等于要求的中心距

计算项目	符号	单位	计算公式	备注
初算带长	L_{p0}	mm	$L_{p0}=2a_0+\dfrac{\pi}{2}(D_1+D_2)+\dfrac{(D_2-D_1)^2}{4a_0}$	
选带的标准内周长度	L_i	mm		由计算机选取
确定带的节线长度	L_p	mm	$L_p=L_i+\Delta L$	ΔL 是带的节线长度与内周长度的差值，见附录表Ⅱ.3
实际中心距	a	mm	$a=a_0+(L_p-L_{p0})/2$	
小带轮包角	α_1	度	$\alpha_1\approx180°-\dfrac{D_2-D_1}{a}\times60°$	
包角系数	K_α		$K_\alpha=1.25\left(1-5^{-\frac{\alpha_1}{180}}\right)$	
传动比系数	K_j			数表程序化后，由计算机选取
长度系数	K_L			将数表组成二维数组，由计算机选取
材质系数	K_q			由计算机选取
单根V带的功率	P_0	kW	$P_0=\left(K_1v^{-0.09}-\dfrac{K_2}{D_1}-K_3v^2\right)v$	系数 K_1、K_2、K_3 值见附录表Ⅱ.4
功率增量	ΔP_0	kW	$\Delta P_0=K_bn_1\left(1-\dfrac{1}{k_j}\right)$	
带的根数	z		$z=\dfrac{P_C}{(P_0+\Delta P_0)K_\alpha K_L K_q}$	$z\leqslant10$
初拉力	F_0	N	$F_0=\dfrac{500P_C}{vz}\left(\dfrac{2.5}{K_\alpha}-1\right)+\dfrac{qv^2}{g}$	
轴上的压力	Q	N	$Q=2zF_0\sin\dfrac{\alpha_1}{2}$	

5.1.4 标识符说明

详见表5.2

表5.2 标识符说明表

公式中的符号	程序中的标识符	说　明	单位	公式中的符号	程序中的标识符	说　明	单位
P	P	功率	kW	v	V	带的速度	m/s
K_A	K	工作情况系数		L_{p0}	L0	初算的带节线长度	mm
n_1	N	小带轮转速	r/min	L_i	L(M)	带的内周长度	mm
i	U	传动比		L_p	L	带的节线长度	mm
a_0	A2	初定的中心距	mm	a	A	带传动的实际中心距	mm
	A1	中心距取值的识别符		K_L	KL	长度系数	
	A0	(D_1+D_2) 的倍数，等于 0.7～2		K_α	KS	包角系数	
	LH	每天工作的小时数	h	K_j	KI	传动比系数	
	G	载荷性质识别符		α_1	S	小带轮包角	度
	E	带的材质识别符		K_q	KQ	带强力层的材质系数	
	T	原动机类别识别符		P_0	P0	单根带的功率	kW

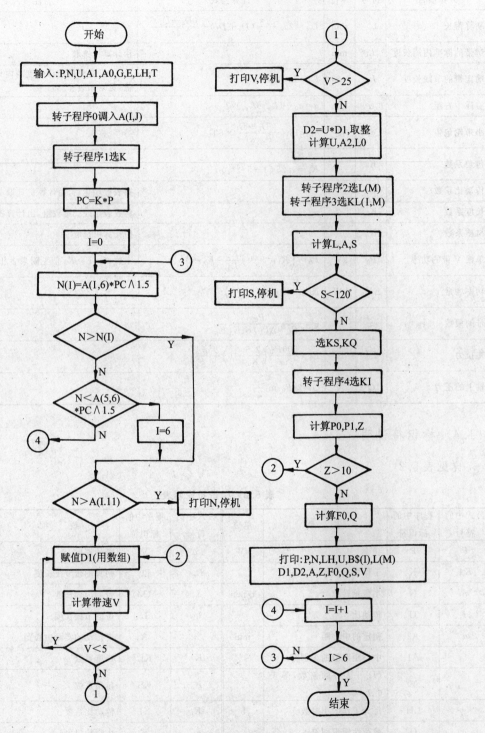

图 5.1　程序设计流程图

36

公式中的符号	程序中的标识符	说　明	单位	公式中的符号	程序中的标识符	说　明	单位
P_c	PC	计算功率	kW	ΔP_0	P1	功率增量	kW
n'_1	N(I)		r/min	2	Z	带的根数	
	B$(I)	带的型号		F_0	F0	初拉力	N
	A(I,J)	二维数组	表Ⅱ.4	Q	Q	轴上的压力	N
D_1	D1	小带轮的节圆直径	mm			I,J,M	循环变量	
D_2	D2	大带轮的节圆直径	mm				

注：1．Ⅰ类原动机如普通鼠笼式交流电动机、同步电动机、$n \geqslant 600$ r/min 的内燃机等，T 等于非 2 的任意整数。

2．Ⅱ类原动机如单缸发动机、$n < 600$ r/min 的内燃机、直流电动机（复激、串激），T 等于 2。

3．棉帘布及棉绳芯结构的 V 带识别符 E 等于 0，化学纤维结构 E 等于非零的任意整数。

4．载荷平稳，识别符 G 等于 1；载荷变动小，G 等于 2；载荷变动大，G 等于 3；载荷变动很大，G 等于 4。

5．给定中心距时，A1 等于给定的中心距，A0 等于任意数；没有给定中心距时，A1 等于 0，A0 等于 0.7～2。

5.1.5　程序设计流程框图

详见图 5.1。

5.2　实际算例及计算结果

5.2.1　已知带传动条件

功率：	4kW	P＝4	
小带轮转速：	1 440 r/min	N＝1 440	
传动比：	3.6	U＝3.6	
初定中心距：	450 mm	A2＝450	
$(D_1＋D_2)$的倍数：	1	A0＝1	
载荷性质：	2	G＝2	
带的材质识别：	2	E＝2	
每天工作的小时数：	16	LH＝16	
原动机类型：	1	T＝1	

5.2.2　计算结果

P＝4	N＝1 440	LH＝16	U＝3.61
A—1 600	GB1171—74		
D1＝90	D2＝318	A＝482	Z＝5
F0＝125	Q＝1 210	S＝151	V＝6.79
P＝4	N＝1 440	LH＝16	U＝3.61
A—1 600	GB1171—74		

D1=100	D2=354	A=442	Z=4
F0=145	Q=1 106	S=145	V=7. 54
P=4	N=1 440	LH=16	U=3. 61
A—1 800	GB1171—74		
D1=112	D2=396	A=495	Z=3
F0=173	Q=990	S=145	V=8. 44
P=4	N=1 440	LH=16	U=3. 61
A—1 800	GB1171—74		
D1=125	D2=442	A=443	Z=3
F0=165	Q=921	S=137	V=9. 42
P=4	N=1 440	LH=16	U=3. 61
B—1 800	GB1171—74		
D1=125	D2=442	A=447	Z=3
F0=171	Q=955	S=137	V=9. 42
P=4	N=1 440	LH=16	U=3. 61
B—2 000	GB1171—74		
D1=140	D2=495	A=486	Z=2
F0=229	Q=849	S=136	V=10. 56
P=4	N=1 440	LH=16	U=3. 61
B—2 240	GB1171—74		
D1=160	D2=566	A=524	Z=2
F0=212	Q=778	S=133	V=12. 06
* * * *	S=117		

实训三　机械设计基础课程设计指导

　　机械设计基础课程设计是机械专业学生最重要的课程设计之一。本篇通过设计减速器,介绍机械设计的一般步骤和方法,培养学生正确的设计思想和设计能力,为今后从事相关工作打下坚实的基础。

6 机械设计基础课程设计概述

6.1 机械设计基础课程设计的目的

机械设计基础课程设计是学生学完《机械设计基础》课程以后进行的一个十分重要的实践性教学环节,也是第一次较全面、规范的设计训练,其目的是:

(1) 巩固、深化《机械设计基础》课程及其他有关先修课程的理论知识和生产实际知识,培养学生综合运用已学知识来分析和解决工程实际问题的能力。

(2) 初步培养学生进行工程设计的工作能力,树立正确的设计思想,掌握机械设计的基本方法和步骤,为今后进行专业课程设计、毕业设计乃至实际工程设计打下良好的基础。

(3) 培养学生机械设计的基本技能,使其具有查阅有关国家标准、部颁标准、行业规范、手册、图册等技术资料的能力以及较熟练的计算、绘图能力。

6.2 机械设计基础课程设计的内容

机械设计基础课程设计通常选择以减速器为主体的机械传动装置为设计题目。这是因为减速器是机械产品中具有典型代表性的通用部件。它含有齿轮或蜗轮、轴、轴承、键、螺栓及箱体零件,涉及了本课程的主要内容。通过减速器设计,能使学生得到一次较全面的综合训练。

根据教学大纲的要求,设计题目以一级圆柱齿轮减速器、二级圆柱齿轮减速器、一级圆锥齿轮减速器、一级蜗杆减速器为宜,需要时也可采用其他机械传动装置作为设计题目。

课程设计内容包括以下三方面:

(1) 绘制减速器装配图一张。装配图一般需选用三个视图并加必要的局部剖视,且尽量采用1∶1或1∶2的比例尺寸绘制。

(2) 绘制零件工作图两张。内容可由指导教师指定画轴、齿轮或箱体。绘制时尽量采用1∶1的比例。

(3) 减速器设计说明书一份。说明书要求用16开报告纸书写,约计20页左右。

6.3 机械设计基础课程设计的步骤

6.3.1 设计步骤

6.3.1.1 准备工作

(1) 认真研究设计任务书,分析设计题目的原始数据和工作条件,明确设计内容和要求。

(2) 通过减速器拆装实验、观看录像、参观实物或模型等形式,熟悉减速器的各种类型和结构,比较它们的优缺点及各自的适用场合,选择出一种较适当的减速器作为主要参考。

(3)阅读有关设计资料,准备设计用具,拟定设计计划。

6.3.1.2 传动装置总体设计

(1)拟定传动装置的运动简图。

(2)合理选择电动机。确定所需电动机的类型、功率和转速。

(3)确定和分配传动比。确定出传动装置的总传动比,并合理地分配各级传动比。

(4)各轴的运动参数计算。计算出各轴的转速、功率和扭矩,并列表作为以后计算的依据。

6.3.1.3 各级传动零件的设计计算

(1)设计计算或确定齿轮传动、蜗杆传动、带传动等的主要参数和尺寸。

(2)初步计算各轴的直径。

(3)初步选择滚动轴承的型号。

6.3.1.4 减速器装配工作图的结构设计及绘制

(1)选择适当的比例尺初绘装配草图。

(2)轴的精确计算。

(3)校核轴承、键、联轴器。

(4)进行箱体结构及其附件的设计。

(5)传动零件和滚动轴承的润滑。

(6)装配草图的检查和修正。

(7)绘制减速器装配工作图,标注尺寸和配合,写出减速器特性、技术要求和零件序号,编写明细表及标题栏。

6.3.1.5 零件工作图的设计和绘制

6.3.1.6 编写设计计算说明书

6.3.1.7 设计总结和答辩

6.3.2 课程设计中的注意事项

(1)树立正确的学习态度,养成良好的工作习惯。课程设计是一个十分重要的教学环节,它既是对已学课程的综合运用,又为今后的设计工作打下基础。因此,学生必须明确学习目的。在设计过程中要严肃认真,一丝不苟。主动思考问题,认真分析并积极解决问题。注意对设计资料及计算数据进行保存和积累,保持记录的完整性。

(2)树立正确的设计思想,理论联系实际,从实际出发解决问题,力求设计合理,实用,经济。

(3)掌握正确的设计方法。任何机械零件的尺寸,都不应只按理论计算确定,而应综合考

42

虑零件结构、加工、装配、经济性、使用条件以及与其他零件的关系等。有时,则要用一些经验公式确定尺寸,如减速器箱体的某些结构尺寸。还有一些零件尺寸,需要通过画图确定,再进行校核计算,如轴的尺寸。因此在设计过程中,计算和绘图是互相补充、交叉进行的。边画、边算、边修改是设计的正常过程。

(4) 注意标准和规范的采用。是否采用标准和规范是评价设计质量的指标之一,设计中应严格遵守和执行国家标准、部颁标准或行业规范。对于非标准的数据,也应尽量圆整成标准数列或选用优先数列。

(5) 正确处理继承与创新的关系。设计既包含前人实践经验的总结,又是一项开创性的工作。初次进行课程设计,要注意学习和利用已有的资料及图纸,参考和分析已有的结构方案,合理选用已有的经验数据,可加快设计进程,也是锻炼设计能力的一个重要方面。但任何设计任务都是根据特定的设计要求和具体条件提出的,因此,设计时不能盲目地、机械地抄袭资料,而必须具体分析,敢于提出新设想、新方案和新结构,创造性地进行设计,并在设计过程中不断地总结和改进,方能使设计质量和设计能力不断提高。

(6) 正确运用课程设计指导书,做好设计。本书中第 7 章~第 12 章部分是按课程设计步骤编写的,对每一个步骤都说明其工作内容和如何进行设计。学生在设计时应在教师指导下,按课程设计步骤认真完成设计工作。

7 机械传动装置的总体设计

传动装置总体设计的内容为:确定传动方案、选定电动机型号、计算总传动比和合理分配各级传动比,计算传动装置的运动和动力参数,为设计各级传动件和装配图设计提供条件。

7.1 确定传动方案

传动装置总体设计时,要先确定机构简图,即确定传动方案,因为它反映了运动和动力传递的路线,以及各部件的组成和连接关系。在课程设计中,如由设计任务书给定传动装置方案,学生应了解和分析这种方案的特点。

合理的传动方案,除应满足工作机的性能要求、适应工作条件,并且工作可靠外,还应满足结构简单、尺寸紧凑、加工方便、成本低廉、传动效率高和使用维护便利等要求。要同时满足这许多要求,常常是困难的,因此要有目的地保证重点要求。例如图 7.1 为在狭小的矿井巷道中工作的带式运输机的三种传动方案,显然图 7.1(a)的方案宽度较大,带传动也不适应繁重的工作要求和恶劣的工作环境。图 7.1(b)的方案虽然结构紧凑,但在长期连续运转的条件下,由于蜗杆传动效率低,功率损失大,很不经济。图 7.1(c)的方案则宽度较小,也适应在恶劣环境下长期连续工作。

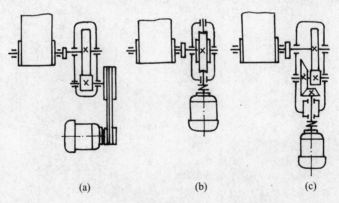

(a)   (b)   (c)

图 7.1 带式运输机的传动方案

减速器多用来作为原动机和工作机之间的减速传动装置。减速器常用型式及特点见表7.1。

表 7.1 常用减速器的型式及特点

名称	型式		推荐传动比范围	特点及应用
一级减速器	圆柱齿轮		直齿 $i \leqslant 5$ 斜齿,人字齿 $i \leqslant 10$	轮齿可做为直齿、斜齿或人字齿。箱体通常用铸铁做成,单件或少批量生产时可采用焊接结构,尽可能不用铸钢件 支承通常用滚动轴承,也可用滑动轴承

名称	型　式		推荐传动比范围	特点及应用
一级减速器	圆锥齿轮		直齿 $i \leqslant 3$ 斜齿 $i \leqslant 6$	用于输入轴和输出轴垂直相交的传动
	下置式蜗杆		$i = 10 \sim 70$	蜗杆在蜗轮的下边,润滑方便,效果较好,但蜗杆搅油损失大,一般用于蜗杆圆周速度 $v < 10\,\mathrm{m/s}$ 的场合
	上置式蜗杆		$i = 10 \sim 70$	蜗杆在蜗轮上边,装拆方便,蜗杆圆周速度可高些
二级减速器	圆柱齿轮展开式		$i = i_1 i_2 = 8 \sim 40$	是二级减速器中最简单的一种,由于齿轮相对于轴承位置不对称,轴应具有较大的刚度,用于载荷平稳的场合,高速级常用斜齿,低速级用斜齿和直齿
	圆柱齿轮分流式		$i = i_1 i_2 = 8 \sim 40$	高速级用斜齿,低速级可用人字齿或直齿,由于低速级齿轮与轴承对称分布,沿齿宽受载均匀,轴承受力也均匀。常用于变载荷场合
	圆柱齿轮同轴式		$i = i_1 i_2 = 8 \sim 40$	减速器横向尺寸小,两对齿轮浸入油中深度大致相等。但减速器轴向尺寸和重量较大,且中间轴较长,容易使载荷沿齿宽分布不均,高速轴的承载能力难于充分利用
	圆锥、圆柱齿轮		$i = i_1 i_2 = 8 \sim 15$	圆锥齿轮应用在高速级,使齿轮尺寸不致太大,否则加工困难。圆锥齿轮可用直齿和圆弧齿,圆柱齿轮可用直齿或斜齿
	二级蜗杆		$i = i_1 i_2 = 70 \sim 2\,500$	传动比大,结构紧凑,但效率低

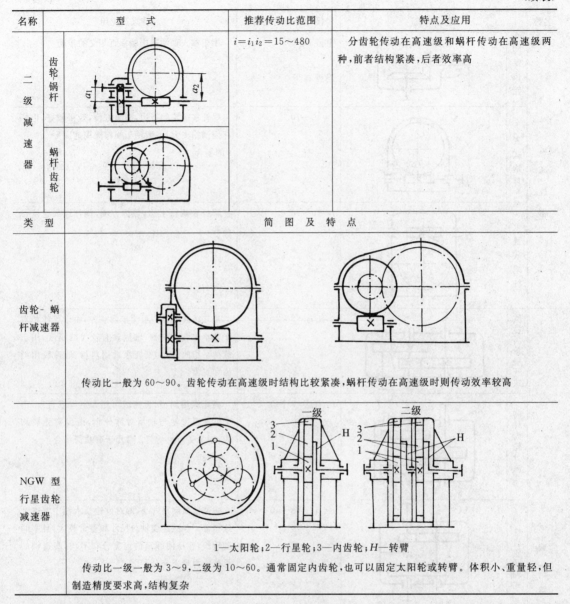

名称	型　式		推荐传动比范围	特点及应用
二级减速器	齿轮锅杆		$i=i_1i_2=15\sim480$	分齿轮传动在高速级和蜗杆传动在高速级两种,前者结构紧凑,后者效率高
	蜗杆齿轮			

类　型	简　图　及　特　点
齿轮-蜗杆减速器	传动比一般为 $60\sim90$。齿轮传动在高速级时结构比较紧凑,蜗杆传动在高速级时则传动效率较高
NGW型行星齿轮减速器	1—太阳轮;2—行星轮;3—内齿轮;H—转臂 传动比一级一般为 $3\sim9$,二级为 $10\sim60$。通常固定内齿轮,也可以固定太阳轮或转臂。体积小、重量轻,但制造精度要求高,结构复杂

进行减速器设计以前,可以通过参观模型和实物、拆装减速器实验以及阅读典型的减速器装配图来了解减速器的组成和结构。

7.2　电动机的选择

7.2.1　选择电动机的类型和结构型式

电动机类型和结构型式要根据电源(交流或直流)、工作条件(温度、环境、空间尺寸等)和载荷特点(性质、大小、启动性能和过载情况)来选择。

没有特殊要求时均应选用交流电动机,其中以三相鼠笼式异步电动机用得最多。表 7.2 所列 Y 系列电动机为我国推广采用的新设计产品,适用于不易燃、不易爆、无腐蚀性气体的场合,以及要求具有较好启动性能的机械。在经常启动、制动和反转的场合(如起重机),要求电动机具有转动惯量小和过载能力大,则应选用起重及冶金用三相异步电动机 YZ 型(笼型)或 YZR 型(绕线型)。

表 7.2　Y 系列(IP44)电动机的技术数据

电动机型号	额定功率(kW)	满载转速(r/min)	堵转转矩 / 额定转矩	最大转矩 / 额定转矩	质量(kg)
同步转速 3 000 r/min,2 极					
Y801—2	0.75	2 825	2.2	2.2	16
Y802—2	1.1	2 825	2.2	2.2	17
Y90S—2	1.5	2 840	2.2	2.2	22
Y90L—2	2.2	2 840	2.2	2.2	25
Y100L—2	3	2 880	2.2	2.2	33
Y112M—2	4	2 890	2.2	2.2	45
Y132S1—2	5.5	2 900	2.0	2.2	64
Y132S2—2	7.5	2 900	2.0	2.2	70
Y160M1—2	11	2 930	2.0	2.2	117
Y160M2—2	15	2 930	2.0	2.2	125
Y160L—2	18.5	2 930	2.0	2.2	147
Y180M—2	22	2 940	2.0	2.2	180
Y200L1—2	30	2 950	2.0	2.2	240
Y200L2—2	37	2 950	2.0	2.2	255
Y225M—2	45	2 970	2.0	2.2	309
Y250M—2	55	2 970	2.0	2.2	403
同步转速 1 000 r/min,6 极					
Y90S—6	0.75	910	2.0	2.0	23
Y90L—6	1.1	910	2.0	2.0	25
Y100L—6	1.5	940	2.0	2.0	33
Y112M—6	2.2	940	2.0	2.0	45
Y132S—6	3	960	2.0	2.0	63
Y132M1—6	4	960	2.0	2.0	73
Y132M2—6	5.5	960	2.0	2.0	84
Y160M—6	7.5	970	2.0	2.0	119
Y160L—6	11	970	2.0	2.0	147
Y180L—6	15	970	1.8	2.0	195
Y200L1—6	18.5	970	1.8	2.0	220
Y200L2—6	22	970	1.8	2.0	250
Y225M—6	30	980	1.7	2.0	292
Y250M—6	37	980	1.8	2.0	408
Y280S—6	45	980	1.8	2.0	536
Y280M—6	55	980	1.8	2.0	596

电动机型号	额定功率(kW)	满载转速(r/min)	堵转转矩 额定转矩	最大转矩 额定转矩	质量(kg)
同步转速 1 500 r/min，4 极					
Y801—4	0.55	1 390	2.2	2.2	17
Y802—4	0.75	1 390	2.2	2.2	18
Y90S—4	1.1	1 400	2.2	2.2	22
Y90L—4	1.5	1 400	2.2	2.2	27
Y100L1—4	2.2	1 420	2.2	2.2	34
Y100L2—4	3	1 420	2.2	2.2	38
Y112M—4	4	1 440	2.2	2.2	43
Y132S—4	5.5	1 440	2.2	2.2	68
Y132M—4	7.5	1 440	2.2	2.2	81
Y160M—4	11	1 460	2.2	2.2	123
Y160L—4	15	1 460	2.2	2.2	144
Y180M—4	18.5	1 470	2.0	2.2	182
Y180L—4	22	1 470	2.0	2.2	190
Y200L—4	30	1 470	2.0	2.2	270
Y225S—4	37	1 480	1.9	2.2	284
Y225M—4	45	1 480	1.9	2.2	320
Y250M—4	55	1 480	2.0	2.2	427
Y280S—4	75	1 480	1.9	2.2	562
Y280M—4	90	1 480	1.9	2.2	667
同步转速 750 r/min，8 极					
Y132S—8	2.2	710	2.0	2.0	63
Y132M—8	3	710	2.0	2.0	79
Y160M1—8	4	720	2.0	2.0	118
Y160M2—8	5.5	720	2.0	2.0	119
Y160L—8	7.5	720	2.0	2.0	145
Y180L—8	11	730	1.7	2.0	184
Y200L—8	15	730	1.8	2.0	250
Y225S—8	18.5	730	1.7	2.0	266
Y225M—8	22	730	1.8	2.0	292
Y250M—8	30	730	1.8	2.0	405
Y280S—8	37	740	1.8	2.0	520
Y280M—8	45	740	1.8	2.0	592
Y315S—8	55	740	1.6	2.0	1 000

注：电动机型号意义：以 Y132S2—2—B3 为例，Y 表示系列代号，132 表示机座中心高，S 表示短机座，第 2 种铁心长度（M—中机座；L—长机座），2 为电动机的级数，B3 表示安装型式。

电动机结构有开启式、防护式、封闭式和防爆式等，可根据防护要求选择。同一类型的电动机又具有几种安装型式，应根据安装条件确定。

7.2.2 选择电动机的容量

标准电动机的容量由额定功率表示。所选电动机的额定功率应等于或稍大于工作要求的功率。容量小于工作要求,则不能保证工作机正常工作,或使电动机长期过载、发热大而过早损坏;容量过大,则增加成本,并且由于效率和功率因数低而造成浪费。

电动机的容量主要由运行时发热条件限定,在不变或变化很小的载荷下长期连续运行的机械,只要其电动机的负载不超过额定值,电动机便不会过热,通常不必校验发热和启动力矩。所需电动机功率为

$$P_d = P_w/\eta \tag{7.1}$$

式中:P_d 为工作机实际需要的电动机输入功率;P_w 为工作机所需输入功率;η 为电动机至工作机之间传动装置的总效率。

工作机所需功率 P_w 应由机器工作阻力和运动参数计算求得,例如

$$P_w = Fv/(1\,000\eta_w) \tag{7.2}$$

或

$$P_w = Tn_w/(9\,550\eta_w) \tag{7.3}$$

式中:F 为工作机的阻力(N);v 为工作机的线速度(m/s);T 为工作机的阻力矩(N·m);n_w 为工作机的转速(r/min);η_w 为工作机的效率。

总效率 η 按下式计算:

$$\eta = \eta_1 \eta_2 \eta_3 \ldots \eta_n \tag{7.4}$$

其中 $\eta_1,\eta_2,\eta_3,\ldots,\eta_n$ 分别为传动装置中每一对传动副(齿轮、蜗杆、带或链)、每对轴承、每个联轴器的效率,其概略值见表 7.3。选用此表数值时,一般取中间值,如工作条件差,润滑维护不良时应取低值,反之取高值。

表 7.3　机械传动和摩擦副的效率概略值

种　类		效率 η	种　类		效率 η
圆柱齿轮传动	很好跑合的 6 级精度和 7 级精度齿轮传动(油润滑)	0.98~0.99	蜗杆传动	三头和四头蜗杆(油润滑)	0.80~0.92
	8 级精度的一般齿轮传动(油润滑)	0.97		环面蜗杆传动(油润滑)	0.85~0.95
	9 级精度的齿轮传动(油润滑)	0.96	带传动	平带无压紧轮的开式传动	0.98
	加工齿的开式齿轮传动(脂润滑)	0.94~0.96		平带有压紧轮的开式传动	0.97
	铸造齿的开式齿轮传动	0.90~0.93		平带交叉传动	0.90
圆锥齿轮传动	很好跑合的 6 级和 7 级精度的齿轮传动(油润滑)	0.97~0.98		V 带传动	0.96
	8 级精度的一般齿轮传动(油润滑)	0.94~0.97	链传动	焊接链	0.93
	加工齿的开式齿轮传动(脂润滑)	0.92~0.95		片式关节链	0.95
	铸造齿的开式齿轮传动	0.88~0.92		滚子链	0.96
蜗杆传动	自锁蜗杆(油润滑)	0.40~0.45		齿形链	0.97
	单头蜗杆(油润滑)	0.70~0.75	复滑轮组	滑动轴承($i=2\sim6$)	0.90~0.98
	双头蜗杆(油润滑)	0.75~0.82		滚动轴承($i=2\sim6$)	0.95~0.99

种　类		效率 η	种　类		效率 η
摩擦传动	平摩擦轮传动	0.85～0.92	滚动轴承	球轴承（稀油润滑）	0.99（一对）
	槽摩擦轮传动	0.88～0.90		滚子轴承（稀油润滑）	0.98（一对）
	卷绳轮	0.95	卷筒		0.96
联轴器	十字滑块联轴器	0.97～0.99	减（变）速器	单级圆柱齿轮减速器	0.97～0.98
	齿式联轴器	0.99		双级圆柱齿轮减速器	0.95～0.96
	弹性联轴器	0.99～0.995		行星圆柱齿轮减速器	0.95～0.98
	万向联轴器（α≤3°）	0.97～0.98		单级锥齿轮减速器	0.95～0.96
	万向联轴器（α>3°）	0.95～0.97		双级圆锥-圆柱齿轮减速器	0.94～0.95
滑动轴承	润滑不良	0.94（一对）		无级变速器	0.92～0.95
	润滑正常	0.97（一对）		摆线-针轮减速器	0.90～0.97
	润滑特好（压力润滑）	0.98（一对）	丝杠传动	滑动丝杠	0.30～0.60
	液体摩擦	0.99（一对）		滚动丝杠	0.85～0.95

7.2.3　确定电动机的转速

同一类型的电动机,相同的额定功率有多种转速可供选用。如选用低转速电动机,因极数较多而外廓尺寸及重量较大,故价格较高,但可使传动装置总传动比及尺寸减小。如选用高转速电动机,电动机转速越高,总传动比越大,减速器尺寸和重量也相应增大。因此应全面分析比较其利弊来选定电动机转速。

按照工作机转速要求和传动机构的合理传动比范围,可以推算电动机转速的可选范围,如

$$n = (i_1 i_2 \ldots i_n) n_w \tag{7.5}$$

式中:n 为电动机可选转速范围;i_1、$i_2 \ldots i_n$ 各级传动机构的合理传动比范围(见表 7.4 或表 7.5)。

表 7.4　各种传动的传动比(参考值)

传　动　类　型	传　动　比	传　动　类　型	传　动　比
平带传动	≤5	锥齿轮传动:(1) 开式	≤5
V带传动	≤7	(2) 单级减速器	≤3
圆柱齿轮传动:		蜗杆传动:(1) 开式	15～60
(1) 开式	≤8	(2) 单级减速器	8～40
(2) 单级减速器	≤4～6	链传动	≤6
(3) 单级外啮合和内啮合行星减速器	3～9	摩擦轮传动	≤5

表 7.5　常用传动机构的性能及适用范围

选用指标 \ 传动机构		平带传动	V带传动	圆柱摩擦轮传动	链传动	齿轮传动		蜗杆传动
功率(kW)（常用值）		小（≤20）	中（≤100）	小（≤20）	中（≤100）	大（最大达 50 000）		小（≤50）
单级传动比	常用值	2～4	2～4	2～4	2～5	圆柱 3～5	圆锥 2～3	10～40
	最大值	5	7	5	6	8	5	80

50

选用指标＼传动机构	平带传动	V带传动	圆柱摩擦轮传动	链传动	齿轮传动	蜗杆传动
传动效率	见表7.3					
许用的线速度(m/s)	≤25	≤25～30	≤15～25	≤40	≤40	≤15～35
外廓尺寸	大	大	大	大	小	小
传动精度	低	低	低	中等	高	高
工作平稳性	好	好	好	较差	一般	好
自锁能力	无	无	无	无	无	可有
过载保护作用	有	有	有	无	无	无
使用寿命	短	短	短	中等	长	中等
缓冲吸振能力	好	好	好	中等	差	差
要求制造及安装精度	低	低	中等	中等	高	高
要求润滑条件	不需	不需	一般不需	中等	高	高
环境适应性	不能接触酸、碱、油类、爆炸性气体	一般	好	一般	一般	

对 Y 系列三相异步电动机，通常多选用同步转速为 1 500 r/min 或 1 000 r/min 的电动机，极少用 3 000 r/min 的，无特殊需要，也不选用低于 750 r/min 的电动机。

根据选定的电动机类型、结构、容量和转速，由表 7.2 查出电动机型号，并记录其型号、额定功率、满载转速、中心高等参数备用。根据电动机型号，由机械设计手册还可查得电动机的外型尺寸、轴伸尺寸、键连接尺寸、地脚螺栓尺寸等参数，可以一并列出以备用。

设计传动装置时，一般按工作机实际需要的电动机输入功率 P_d 计算，转速则取满载转速，而不是同步转速。

7.3　传动装置总传动比的计算和分配

传动装置的总传动比要求应为

$$i = n_m / n_w \tag{7.6}$$

式中：n_m 为电动机满载转速。

多级传动中，总传动比应为

$$i = i_1 i_2 i_3 \ldots i_n \tag{7.7}$$

式中：$i_1, i_2, i_3 \ldots i_n$ 为各级传动机构的传动比。

在已知总传动比要求时，如何合理选择和分配各级传动比，要考虑以下几点：

（1）各级传动机构的传动比应尽量在推荐范围内选取。

（2）应使传动装置结构尺寸较小、重量较轻。如图 7.2 所示，二级减速器总中心距和总传动比相同时，粗、细实线所示两种传动比分配方案中，粗实线所示方案因低速级大齿轮直径减小而使减

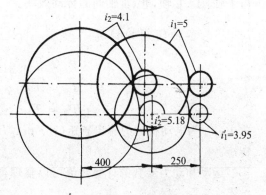

图 7.2　传动比分配方案不同对尺寸的影响

速器外廓尺寸较小。

(3)应使各传动件尺寸协调,结构匀称合理,避免干涉碰撞。在二级减速器中,两级的大齿轮直径尽量相近,以利于浸油润滑。

一般推荐展开式二级圆柱齿轮减速器高速级传动比 $i_1 = (1.3 \sim 1.5) i_2$,其中 i_2 表示低速级传动比,同轴式则为 $i_1 = i_2$。圆锥—圆柱齿轮减速器中,锥齿轮传动比可取为 $i_1 = 0.25 i$,式中 i 表示总传动比。蜗杆—齿轮减速器中,齿轮传动比可取为 $i_2 = (0.03 \sim 0.06) i$。二级蜗杆减速器可取 $i_1 = i_2$。

传动装置的实际传动比要由选定的齿数或标准带轮直径准确计算,因而与要求传动比可能有误差。一般允许工作机实际转速与要求转速的相对误差为 $\pm (3 \sim 5) \%$。

7.4 传动装置运动参数和动力参数的计算

设计计算传动件时,需要知道各轴的转速、转矩或功率,因此应将工作机上的转速、转矩或功率推算到各轴上。

如一传动装置从电动机到工作机有三轴,依次为Ⅰ、Ⅱ、Ⅲ轴,则:

7.4.1 各轴转速的计算

$$n_{\text{Ⅰ}} = n_{\text{m}} / i_0 \tag{7.8}$$

$$n_{\text{Ⅱ}} = n_{\text{Ⅰ}} / i_1 = n_{\text{m}} / (i_0 i_1) \tag{7.9}$$

$$n_{\text{Ⅲ}} = n_{\text{Ⅱ}} / i_2 = n_{\text{m}} / (i_0 i_1 i_2) \tag{7.10}$$

式中:$n_{\text{Ⅰ}}$、$n_{\text{Ⅱ}}$、$n_{\text{Ⅲ}}$ 分别为Ⅰ、Ⅱ、Ⅲ轴的转速;Ⅰ轴为高速轴,Ⅲ轴为低速轴;i_0、i_1、i_2 依次为由电动机轴至高速轴Ⅰ,Ⅰ、Ⅱ轴,Ⅱ、Ⅲ轴间的传动比。

7.4.2 各轴功率的计算

$$P_{\text{Ⅰ}} = P_{\text{d}} \eta_{01} \tag{7.11}$$

$$P_{\text{Ⅱ}} = P_{\text{Ⅰ}} \eta_{12} = P_{\text{d}} \eta_{01} \eta_{12} \tag{7.12}$$

$$P_{\text{Ⅲ}} = P_{\text{Ⅱ}} \eta_{23} = P_{\text{d}} \eta_{01} \eta_{12} \eta_{23} \tag{7.13}$$

式中:$P_{\text{Ⅰ}}$、$P_{\text{Ⅱ}}$、$P_{\text{Ⅲ}}$ 为Ⅰ、Ⅱ、Ⅲ轴输入功率;P_{d} 为电动机输入功率;η_{01}、η_{12}、η_{23} 依次为电动机轴与Ⅰ轴,Ⅰ、Ⅱ轴,Ⅱ、Ⅲ轴间的传动效率。

7.4.3 各轴转矩的计算

$$T_{\text{Ⅰ}} = T_{\text{d}} i_0 \eta_{01} \tag{7.14}$$

$$T_{\text{Ⅱ}} = T_{\text{Ⅰ}} i_1 \eta_{12} = T_{\text{d}} i_0 i_1 \eta_{01} \eta_{12} \tag{7.15}$$

$$T_{\text{Ⅲ}} = T_{\text{Ⅱ}} i_2 \eta_{23} = T_{\text{d}} i_0 i_1 i_2 \eta_{01} \eta_{12} \eta_{23} \tag{7.16}$$

式中:T_{d} 为电动机轴的输出转矩($N \cdot m$),$T_{\text{d}} = 9\,550 P_{\text{d}} / n_{\text{m}}$;$T_{\text{Ⅰ}}$、$T_{\text{Ⅱ}}$、$T_{\text{Ⅲ}}$ 为Ⅰ、Ⅱ、Ⅲ轴的输入转矩。

运动和动力参数的计算数值可以整理列表备查。

7.5 总体设计举例

如图 7.3 所示带式运输机传动方案,已知卷筒直径 $D = 500$ mm,运输带的有效拉力 $F = 10\,000$ N,卷筒效率(不包括轴承)$\eta_w = 0.96$,运输带速度 $v = 0.3$ m/s,在室内常温下长期连续工作,环境有灰尘,电源为三相交流,电压 380 V。试对带式运输式的传动装置进行总体设计。

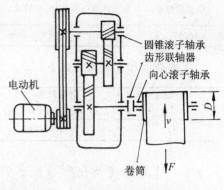

圆锥滚子轴承
齿形联轴器
向心滚子轴承
电动机
卷筒

图 7.3 带式运输机传动简图

7.5.1 选择电动机

(1) 选择电动机型号。

本减速器在常温下连续工作,载荷平稳,对起动无特殊要求,但工作环境灰尘较多,故选用 Y 型三相笼型感应电动机,封闭式结构,电压为 380 V。

(2) 确定电动机功率。

工作机所需功率:

$$P_w = Fv/1\,000\eta_w = 10\,000 \times 0.3/(1\,000 \times 0.96) = 3.1(\text{kW})$$

电动机的工作功率:

$$P_d = P_w/\eta$$

电动机到卷筒轴的总效率为:

$$\eta = \eta_1 \eta_2^3 \eta_3^2 \eta_4$$

由表 7.3 查得:$\eta_1 = 0.96$(V 带传动);$\eta_2 = 0.98$(滚子轴承);$\eta_3 = 0.97$(齿轮精度为 8 级);$\eta_4 = 0.99$(齿形联轴器),代入得:

$$\eta = 0.96 \times 0.98^3 \times 0.97^2 \times 0.99 = 0.84$$
$$P_d = 3.1/0.84 = 3.7(\text{kW})$$

查表 7.2,选电动机额定功率为 4 kW。

(3) 确定电动机转速。

卷筒轴工作转速为:

$$n_w = 60 \times 1000v/\pi D = 60 \times 1000 \times 0.3/(3.14 \times 500) = 11.46(\text{r/min})$$

按表 7.5 推荐的传动比合理范围,取 V 带传动的传动比 $i_1' = 2 \sim 4$,二级圆柱齿轮减速器传动比 $i_2' = 8 \sim 40$,则总传动比合理范围为 $i' = 16 \sim 160$,电动机转速的可选范围为

$$n_m' = i'n_w = (16 \sim 160) \times 11.46 = 183 \sim 1834(\text{r/min})$$

符合这一范围的同步转速有 750、1 000、1 500 r/min 三种,可查得三种方案如下:

方　案	电动机型号	额定功率(kW)	电动机转速(r/min)	
			同步转速	满载转速
1	Y112M－4		1 500	1 440
2	Y132M1－6	4	1 000	960
3	Y160M1－8		750	720

综合考虑减轻电动机及传动装置的重量和节约资金,选用第二方案。因此选定电动机型号为 Y132M1-6,其主要性能如下:

电动机型号	额定功率(kW)	同步转速(r/min)	满载转速(r/min)	堵转转矩额定转矩 (N·m)	最大转矩额定转矩 (N·m)
Y132M1-6	4	1 000	960	2.0	2.0

主要外形和安装尺寸如下:

中心高 H	外形尺寸 $L \times (AC/2 + AK) \times HD$	安装尺寸 $A \times B$	轴伸尺寸 $D \times E$	平键尺寸 $F \times GD$
132	515×345×315	216×178	38×80	10×41

7.5.2 计算总传动比和分配各级传动比

(1)计算总传动比。

$$i = n_m/n_w = 960/11.46 = 83.77$$

(2)分配传动装置传动比。

$$i = i_0 i'$$

式中:i_0、i' 分别为带传动和减速器的传动比;为使 V 带传动外廓尺寸不致过大,初步取 $i_0 = 2.8$,则

$$i' = i/i_0 = 83.77/2.8 = 29.92。$$

(3)分配减速器的各级传动比。

按浸油润滑条件考虑,取高速级传动比 $i_1 = 1.3i_2$,式中 i_2 为低速级传动比,而 $i' = i_1 i_2 = 1.3i_2^2$,所以:

$$i_2 = \sqrt{i'/1.3} = \sqrt{29.92/1.3} = 4.8$$

$$i_1 = i'/i_2 = 29.92/4.8 = 6.2$$

7.5.3 计算传动装置的运动和动力参数

(1)计算各轴转速。

Ⅰ轴:$n_Ⅰ = n_w/i_0 = 960/2.8 = 342.86(r/min)$

Ⅱ轴:$n_Ⅱ = n_Ⅰ/i_1 = 342.86/6.2 = 55.3(r/min)$

Ⅲ轴:$n_Ⅲ = n_Ⅱ/i_2 = 55.3/4.8 = 11.52(r/min)$

卷筒轴:$n_Ⅳ = n_Ⅲ = 11.52(r/min)$

(2)计算各轴功率。

Ⅰ轴:$P_Ⅰ = P_d \eta_{01} = P_d \eta_1 = 3.7 \times 0.96 = 3.55(kW)$

Ⅱ轴:$P_Ⅱ = P_Ⅰ \eta_{12} = P_Ⅰ \eta_2 \eta_3 = 3.55 \times 0.98 \times 0.97 = 3.37(kW)$

Ⅲ轴:$P_Ⅲ = p_Ⅱ \eta_{23} = P_Ⅲ \eta_2 \eta_3 = 3.37 \times 0.98 \times 0.97 = 3.20(kW)$

卷筒轴的输入功率:$P_Ⅳ = P_Ⅲ \eta_{34} = P_Ⅲ \eta_2 \eta_4 = 3.20 \times 0.98 \times 0.99 = 2.91(kW)$

(3)计算各轴转矩。

电动机轴的输出转矩:$T_d = 9550 P_d/n_m = 9550 \times 3.7/960 = 36.80(N·m)$

Ⅰ轴:$T_Ⅰ = T_d i_0 \eta_{01} = T_d i_0 \eta_1 = 36.80 \times 2.8 \times 0.96 = 98.92(N·m)$

Ⅱ轴：$T_{\text{Ⅱ}}=T_{\text{Ⅰ}}i_1\eta_{12}=T_{\text{Ⅰ}}i_1\eta_2\eta_3=98.92\times6.2\times0.98\times0.97=589.02(\text{N}\cdot\text{m})$

Ⅲ轴：$T_{\text{Ⅲ}}=T_{\text{Ⅱ}}i_2\eta_{23}=T_{\text{Ⅱ}}i_2\eta_2\eta_3=589.02\times4.8\times0.98\times0.97=2\,687.63(\text{N}\cdot\text{m})$

卷筒轴输入转矩：$T_{\text{Ⅳ}}=T_{\text{Ⅲ}}\eta_2\eta_4=2\,687.63\times0.98\times0.99=2\,607.54(\text{N}\cdot\text{m})$

将计算数值列表如下：

轴　号	功率 P(kW)	转矩 T(N·m)	转速 n(r/min)	传动比 i	效率 η
电机轴	3.7	36.80	960	2.8	0.96
Ⅰ　轴	3.55	98.92	342.86		0.95
				6.2	
Ⅱ　轴	3.37	589.02	55.30		0.95
				4.8	
Ⅲ　轴	3.20	2 687.63	11.52		0.97
卷筒轴	2.91	2 607.54	11.52	1.0	

8 传动零件的设计计算

8.1 减速器外部传动零件的设计计算要点

减速器外部传动零件的设计计算方法均按教材所述,本章仅就应注意问题作简要提示。

8.1.1 带传动

(1) 带传动设计的主要内容:选择合理的传动参数;确定带的型号、长度、根数、传动中心距、安装要求(初拉力、张紧装置)、对轴的作用力及带的材料、结构和尺寸等。有些结构细部尺寸(例如轮毂、轮辐、斜度、圆角等)不需要在装配图设计前确定,可以留待画装配图时再定。

(2) 设计依据:传动的用途及工作情况;对外廓尺寸及传动位置的要求;原动机种类和所需的传动功率;主动轮和从动轮的转速等。

(3) 注意带传动中各有关尺寸的协调问题。如小带轮直径选定后,要检查它与电动机中心高是否协调;大带轮直径选定后,要注意检查它与箱体尺寸是否协调。

小带轮孔径要与所选电动机轴径一致。大带轮的孔径应注意与带轮直径尺寸相协调,以保证其装配的稳定性;同时还应注意此孔径就是减速器小齿轮轴外伸段的最小轴径。

(4) 画出带轮结构草图,注明主要尺寸备用。注意大带轮轴孔直径和宽度(见图8.1)与减速器输入轴轴伸尺寸有关(见图8.2)。带轮轮毂宽度与带轮的宽度不一定相同,一般轮毂长度 l 按轴孔直径 d 的大小确定,常取 $l=(1.5\sim2)d$。

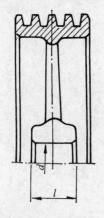

图8.1 大带轮尺寸

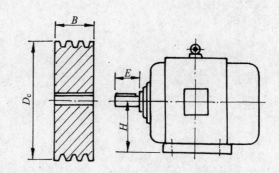

图8.2 小带轮与电动机示意图

(5) 应求出带的初拉力,以便安装时检查,并依具体条件考虑张紧方案。

(6) 应算出轴压力,以供设计轴和轴承时使用。

(7) 由带轮直径及滑动率计算实际传动比和大带轮转速,并以此修正减速器传动比和输入转矩。

8.1.2 链传动

链传动除与带传动各点类似外,还应注意:

(1)当用单列链尺寸过大时,应改选双列或多列链,以尽量减小节距。

(2)选定润滑方式和润滑剂牌号。

(3)画链轮结构图时不必画出端面齿形图。

8.1.3 开式齿轮传动

(1)开式齿轮润滑条件较差,磨损比较严重,故一般用于低速级。常因过度磨损而引起弯曲折断,所以设计时按弯曲强度设计,考虑到磨损,一般将所计算的模数加大 10%～20%。但在进行强度校核时,则应将模数降低 10%～20%。为保证齿根弯曲强度,常取小齿轮齿数 $z_1＝17～20$。

(2)开式齿轮用于低速,宜采用直齿。

(3)注意材料的选用,使轮齿具有较好的减摩或耐磨性能;大齿轮材料的选用应考虑毛坯的制造方法。

(4)开式齿轮传动的支承刚度小,为减轻轮齿的载荷集中,齿宽系数应取小值。

(5)画出齿轮结构图,标明与减速器输出轴轴伸端相配合的轮毂尺寸备用。

(6)检查齿轮尺寸与传动装置和工作机是否协调,并计算其实际传动比,考虑是否需要修改减速器的传动比要求。

8.2 减速器内部传动零件的设计计算要点

8.2.1 齿轮传动

8.2.1.1 圆柱齿轮传动

(1)齿轮材料的选择要注意毛坯制造方法。当齿轮直径 $d≤500\,mm$ 时,根据设备能力,采用锻造或铸造毛坯;而当 $d＞500\,mm$ 时,多用铸造毛坯。材料的力学性能与毛坯尺寸有关,设计时一般先估计毛坯尺寸和结构,待计算确定齿轮尺寸后,再校验毛坯尺寸和力学性能,并对计算进行必要的修改。若小齿轮根圆直径与轴径接近,齿轮与轴可做成一体,选用材料应兼顾轴的要求。

(2)合理选择参数,通常取 $z_1＝20～40$。因为当齿轮传动的中心距一定时,齿数多会使重合度增加,这既可改善传动平稳性,又能降低齿高,降低滑动系数,减少磨损和咬合。因此在保证齿根弯曲强度的前提下,z_1 可取大些。但对传递动力用的齿轮,其模数不得小于 1.5～2 mm。z_1 也不能太大,否则会加大传动装置尺寸和重量。z_1 若太小,范成加工时会发生根切现象,降低齿轮的强度。

斜齿圆柱齿轮的螺旋角,初选时可取 $8°～12°$。在 m_n 取标准值且中心距 a 圆整后,再按公式 $a＝m_n(z_1＋z_2)/2\cos\beta$ 确定 β 的精确值。

(3)数据处理:模数必须标准化,齿轮分度圆直径、齿顶圆直径、分度圆螺旋角 β 等必须精确计算。

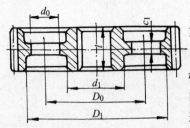

图 8.3 圆柱齿轮几何参数示意图

齿宽应圆整为整数，且小齿轮的齿宽一般比大齿轮大5～10 mm。

中心距应圆整为整数。对于直齿圆柱齿轮，可改变模数 m 和齿数 z 或采用变位（但传动比要根据实际计算，在允许范围内变动）来达到。对于斜齿圆柱齿轮传动，可调整螺旋角 β 来使中心距的尾数为 0 或 5。

齿轮结构尺寸如轮缘内径 D_1、轮辐厚度 c_1、轮毂直径 d_1 和长度 l（见图 8.3）等应尽量圆整，以便于制造和测量。

各级大、小齿轮几何尺寸和参数的计算结果应及时整理并列表（见表 8.1）；同时画出结构图，以备装配图设计时应用。

表 8.1　圆柱齿轮传动参数表

名　称	小齿轮	大齿轮
中心距 a(mm)		
传动比 i		
模数 m_n(mm)		
螺旋角 β		
端面压力角 α_t		
啮合角 α'_t		
分度圆分离系数 y		
总变位系数 $x_n\sum$		
齿顶高变动系数 σ		
变位系数 x_n		
齿数 z		
分度圆直径 d(mm)		
节圆直径 d'(mm)		
齿顶圆直径 d_a(mm)		
齿根圆直径 d_f(mm)		
齿宽 b(mm)		
螺旋角方向		
材料及齿面硬度		

8.2.1.2　圆锥齿轮传动

除参看圆柱齿轮传动的各点外，还应注意：

（1）圆锥齿轮以大端模数为标准。计算几何尺寸时，要用大端模数。

（2）两轴交角为 90° 时，在确定了大、小齿轮的齿数后，就可准确计算出分度圆锥角 δ_1 和 δ_2，注意不能圆整。

（3）圆锥齿轮的齿宽按齿宽系数 $\Psi_R = b/R$ 求得，并进行圆整，且大小齿轮宽度相等。

8.2.2 蜗杆传动

(1) 蜗杆传动的特点是滑动速度大,故要求蜗杆副材料有较好的跑合和耐磨损性能,不同的蜗杆副材料,适用的相对滑动速度范围不同,因此,选材料时要初估相对滑动速度。

(2) 蜗杆传动的强度与模数、齿数及蜗杆直径系数有关。设计时,由于模数 m 和蜗杆直径系数 q 均为未知,故通常按下述方案进行:

① 由强度计算公式求出 $m\sqrt[3]{q}$。再预选 q 值,当传动比 $i>20$ 时,可试取 $q=(0.2\sim0.25)z_2$;当 $i<20$ 时,可试取 $q=(0.25\sim0.3)z_2$,然后根据强度计算公式确定适宜的模数 m 及蜗杆分度圆直径 d_1。

② 中心距应尽量圆整其尾数值为 0 或 5。此时,为保证 a、m、q、z_2 的几何关系,常需对蜗杆传动进行变位。

(3) 蜗杆螺旋线方向尽量采用右旋,以便于加工。这时蜗轮轮齿的方向也应为右旋。蜗杆传动方向由工作机转动方式及蜗杆螺旋线方向来确定。

(4) 蜗杆和蜗轮的结构尺寸,除啮合尺寸外,均应适当圆整。蜗杆传动尺寸确定后,要校验其滑动速度及传动效率,并考虑其影响,修正有关计算数据。

(5) 蜗杆位置在蜗轮上面还是下面由蜗杆圆周速度来决定,当蜗杆分度圆圆周速度 $v\leqslant4\sim5\text{m/s}$ 时,将蜗杆下置,否则采用上置型式。

(6) 蜗杆杆体的强度及刚度验算,蜗杆传动的热平衡计算,常需画出装配草图并在确定了蜗杆支点距离和箱体轮廓尺寸后才能进行。

8.3 初选轴径和联轴器

8.3.1 初选轴径

初估轴径可用两种方法确定:一是按轴受纯扭矩估算;二是参照相近减速器的轴径,或按相配零件(如联轴器)的孔径及轴的结构要求等来确定。

按轴受纯扭矩估算方法初定轴径 $d(\text{mm})$,计算公式为:

$$d = A\sqrt[3]{P/n} \tag{8.1}$$

式中:P 为轴所传递的功率;n 为轴的转速,A 为由轴的许用扭转剪应力所确定的系数,见教材。

当弯矩的作用较扭矩小或只受扭矩时,A 取小值,反之取大值。

如果初估的轴径是轴的外伸端并装有联轴器与电动机连接,则轴端直径必须满足联轴器的孔径要求。

8.3.2 联轴器的选择

常用的联轴器多已标准化和规格化了,选用时,首先按工作条件选择合适的类型;再按转矩、轴径和转速选择联轴器的具体尺寸。高速轴因轴的转速较高,为减小起动载荷,缓和冲击,应选用具有较小转动惯量和具有弹性的联轴器,一般选用弹性可移式联轴器,例如弹性柱销联轴器等。低速轴用联轴器不必要求较小的转动惯量,但传递转矩较大,且因为减速器与工作机常不在同一底座上,要求有较大的轴线偏移补偿,故常选用刚性可移式联轴器,例如齿轮联轴器等。必要时校核联轴器中薄弱件的承载能力。

选择或校核时,应考虑机器起动时惯性力及过载等影响,按最大转矩(或功率)进行。但是,设计时,往往因为原始资料不足,或分析极为困难,最大转矩不易确定,故通常按计算转矩进行。计算转矩

$$T_c = KT \tag{8.2}$$

式中:T 为公称转矩(N·m);K 为工作情况系数,见表8.2。

表8.2 工作情况系数 K

原动机	工作机	K
电动机	带式输送机、鼓风机、连续运动的金属切削机床	1.25～1.5
	链式输送机、刮板输送机、螺旋输送机、离心式泵、木工机床	1.5～2.0
	往复运动的金属切削机床	1.5～2.5
	往复式泵、往复式压缩机、球磨机、破碎机、冲剪机、空气锤	2.0～3.0
	起重机、升降机、轧钢机、压延机	3.0～4.0
涡轮机	发电机、离心泵、鼓风机	1.2～1.5
往复式发动机	发电机	1.5～2.0
	离心泵	3～4
	往复式工作机,如压缩机、泵	4～5

注:固定式、刚性可移式联轴器选用较大 K 值;弹性联轴器选用较小 K 值;牙嵌式离合器 $K=2～3$;摩擦式离合器 $K=1.2～$ 1.5;安全联轴器取 $K=1.25$。被带动的转动惯量小,载荷平稳,K 取较小值。

8.4 选择滚动轴承

减速器中常用的轴承是滚动轴承,滚动轴承类型可参照如下原则进行选择:

(1)考虑轴承所承受载荷的方向与大小。原则上,当轴承仅承受纯径向载荷时,一般选用深沟球轴承,当轴承既承受径向载荷又承受轴向载荷时,一般选用角接触球轴承或圆锥滚子轴承。

当轴承既承受径向载荷又承受轴向载荷,但轴向载荷不大时,应优先选用深沟球轴承。

(2)转速较高、旋转精度要求较高、载荷较小时,一般选用球轴承。

(3)载荷较大且有冲击振动时,宜选用滚子轴承。

在相同外形尺寸下,滚子轴承一般比球轴承承载能力大,但当轴承内径 $d < 20\ mm$ 时,这种优点不显著,由于球轴承价格低廉,这时应选择球轴承。

(4)轴的刚度较差、支承间距较大,轴承孔同轴度较差或多支点支承时,一般选用自动调心轴承;反之,不能自动调心的滚子轴承仅能用在轴的刚度较大、支承间距不大、轴承孔同轴度能严格保证的场合。

(5)同一轴上各支承应尽可能选用同类型号的轴承。

(6)经济性。若几种轴承都适合工作条件,则优先选用价格低的。

9 减速器的润滑和密封

减速器的传动件(齿轮、蜗杆、蜗轮)和轴承必须要有良好的润滑,其作用是降低磨擦,减少磨损和发热,提高效率,还有清洁、防锈、冷却、吸振的作用。减速器箱体接触面、外伸轴、轴承盖、窥视孔和放油孔接合面等处必须密封,这样可以阻止箱体内外介质的渗透,保护环境。

9.1 减速器的润滑

9.1.1 齿轮传动和蜗杆传动的润滑

齿轮传动、蜗杆传动所用润滑油的黏度根据传动的工作条件、圆周速度或滑动速度、温度等来选择。依黏度选择润滑油的牌号。(见教材 6.6 节和 7.5 节)。

9.1.1.1 油池浸油润滑

在减速器中,传动件的润滑方式根据其分度圆圆周速度 v 而定。当 $v \leqslant 12$ m/s 时,多采用浸油润滑;传动件浸入油池一定深度,运转时就把油带到啮合区,同时甩到箱壁上,借以散热和润滑轴承。

圆柱齿轮、蜗轮和蜗杆,其浸油深度 H_1 以 1～2 个齿高为宜,锥齿轮 0.7～1 个齿宽浸入油中。当速度高时,浸油深度约为 0.7 个齿高,但都不得小于 10 mm。当速度较低(0.5～0.8 m/s)时,浸油深度可以增加,但不得超过 1/6～1/3 的齿轮分度圆半径(见图 9.1),以避免搅油损失过大。同时,为避免搅油时沉渣泛起,齿顶到油池底面的距离 $H_2 \geqslant 30～50$ mm。

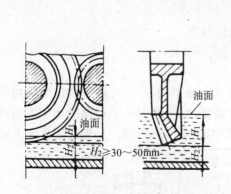

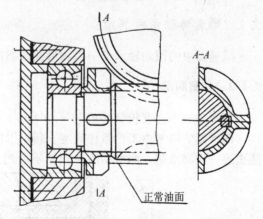

图 9.1 油池深度与浸油深度的确定   图 9.2 溅油环

采用上置式蜗杆减速器时,将蜗轮浸入油池中,其浸油深度与圆柱齿轮相同。采用下置式蜗杆减速器时,油面不应超过滚动轴承最下面滚动体的中心线,否则轴承搅油发热大。一般常在蜗杆轴上安装溅油环,将油溅到蜗杆和蜗轮上进行润滑(见图 9.2)。

在多级传动中,为使各级传动的浸油深度均匀一致,可制成倾斜式箱体剖分面(见图 9.3

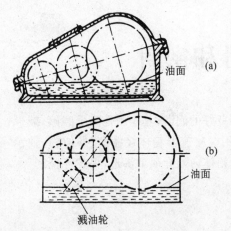

图 9.3 保持浸油深度均匀一致的结构

(a))或采用溅油轮及溅油环来润滑不接触油面的传动件(见图 9.3(b))。溅油轮常用塑料制成,其宽度可取为传动件宽度的 1/3。

浸油深度确定后,即可定出所需油量。再按传递功率大小进行验算,确保散热要求。对于单级传动,每传递 1 kW 需油量 $V_0 = 0.35 \sim 0.70 \, \text{m}^3$。对于多级传动,则可按级数成比例增加,如不能满足,则可适当加高箱座高度,以保证足够的油池容积。

9.1.1.2 压力喷油润滑

当齿轮圆周速度 $v > 12 \, \text{m/s}$,或上置式蜗杆圆周速度 $v > 10 \, \text{m/s}$ 时,就要采用压力喷油润滑。圆周速度过高,齿轮上的油大多被甩出去,而达不到啮合区;速度高搅油激烈,使油温升高,损耗能量,降低润滑油的性能,还会搅起箱底的杂质,加速齿轮的磨损。当采用喷油润滑时,用油泵将油直接喷到啮合区润滑(见图 9.4 和图 9.5)。

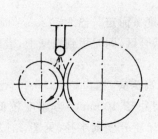

图 9.4 齿轮喷油润滑

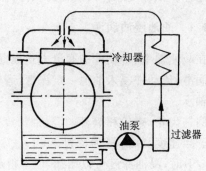

图 9.5 蜗杆喷油润滑

9.1.2 滚动轴承的润滑

减速器中的滚动轴承可采用润滑油或润滑脂进行润滑。

9.1.2.1 脂润滑

当滚动轴承速度较低($dn \leqslant 2 \times 10^5 \, \text{mm} \cdot \text{r/min}$,$d$ 为轴承内径,n 为转速)时,常采用脂润滑。润滑脂的牌号由工作条件确定。脂润滑的结构简单,易于密封。一般每隔半年左右补充或更换一次润滑脂。润滑脂的装填量不应超过轴承空间的 $1/3 \sim 1/2$。可通过轴承座上的注

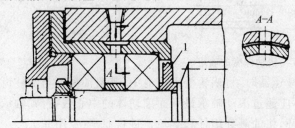

图 9.6 脂润滑轴承的注油孔与挡油环

油孔及通道注入(见图 9.6)。

9.1.2.2　油润滑

多用箱体内的油直接润滑轴承。油润滑有利于轴承的冷却散热,但对密封要求高,并且油的性能由传动件确定,长期使用的油中含有杂质,这对轴承润滑有不利影响。

(1)飞溅润滑。减速器中当浸油传动件的圆周速度 $v>2\sim3\,\mathrm{m/s}$ 时,即可采用飞溅润滑。飞溅的油,一部分直接溅入轴承,一部分先溅到箱壁上,然后再顺着箱盖的内壁流入箱座的油沟中,沿油沟经轴承端盖上的缺口进入轴承(见图 9.7)。输油沟的结构及其尺寸见图 9.8。当 $v>3\,\mathrm{m/s}$ 时,可不设置油沟,直接靠飞溅的油润滑轴承。上置式蜗杆减速器,支撑蜗杆的轴承在上,靠油飞溅润滑比较困难,故需设计特殊的导油沟使蜗轮旋转甩到箱壁上的油通过导油沟进入轴承或直接甩入输油沟润滑轴承(见图 9.9)。

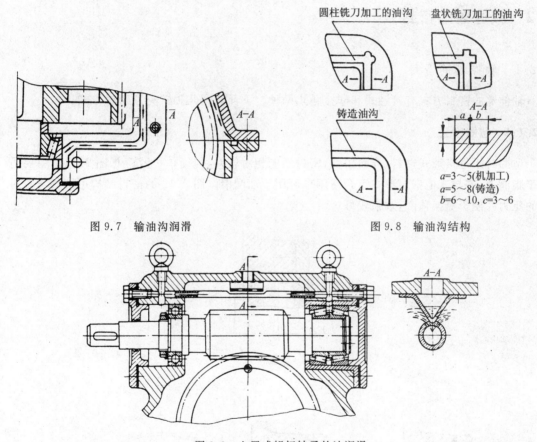

图 9.7　输油沟润滑　　　　　　　　图 9.8　输油沟结构

图 9.9　上置式蜗杆轴承的油润滑

(2)浸油润滑。这种润滑方式是轴承直接浸入油中润滑(如下置式蜗杆减速器的蜗杆轴承),但油面高度不应超过轴承滚动体中心,以免加大搅油损失。可在轴上装溅油环,见图 9.2。

(3)刮油润滑。当较大传动件(蜗轮和大齿轮)的圆周速度很低时($v<2\,\mathrm{m/s}$),可在传动件侧面装刮油板,此时要求传动件端面跳动及轴的轴向窜动较小。结构见图 9.10。

63

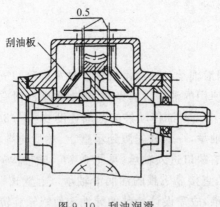

图 9.10 刮油润滑

9.2 减速器的密封

9.2.1 轴伸端的密封

轴伸端的密封方式有接触式和非接触式两种。下面介绍几种常见的密封方式:

9.2.1.1 毡圈密封

毡圈封闭是接触式密封,寿命较低,密封性能相对较差,但简单、经济(见图 9.11),主要适用于脂润滑,若与其他密封形式组合使用也可用于油润滑。图 9.12 的密封结构可调整毡圈对轴的压力并便于更换毡圈,效果较好。

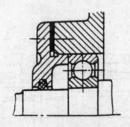

图 9.11 毡圈密封(一)

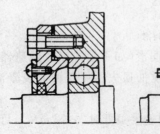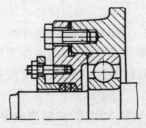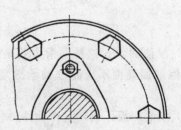

图 9.12 毡圈密封(二)

9.2.1.2 皮碗式密封

如图 9.13 所示,这种密封工作可靠,密封性能好,且结构简单,可用于油润滑和脂润滑的轴承中,是接触式密封中性能较好的一种。

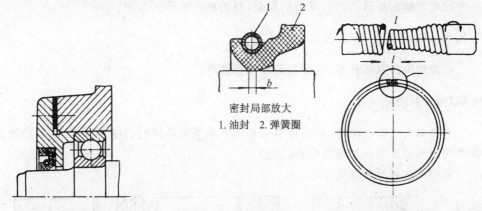

图 9.13 皮碗式密封 密封局部放大
1.油封 2.弹簧圈

图 9.14 J形橡胶油封(无骨架式)

这种密封由耐油橡胶圈及螺旋弹簧圈组成。其断面形状有 J 形和 U 形两种。J 形密封圈又有无骨架和有骨架结构之分。骨架式油封因有金属骨架,与孔紧配合装配即可。无骨架式油封(见图 9.14)则可装于紧固套中,并进行轴向固定。

应注意油封的安装方向,当防止漏油为主时,油封唇边对着箱内(见图 9.15(a));以防外界灰尘,杂质为主时,唇边对着箱外(见图 9.15(b));当两油封相背放置时(见图 9.15(c)),则防漏防尘能力都好。

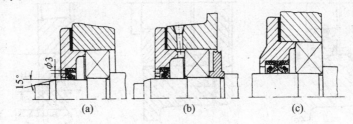

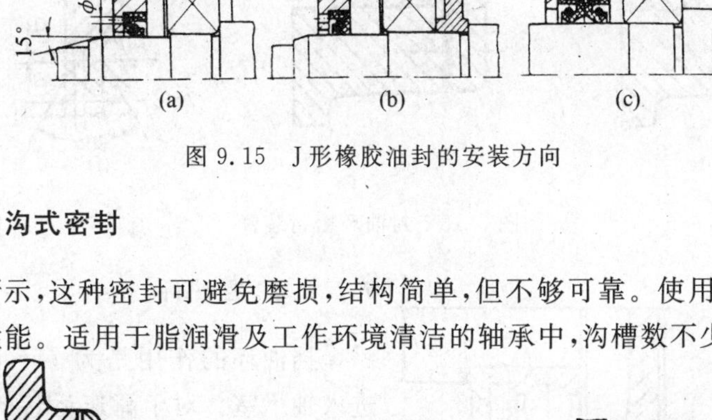

(a)　　　　　　(b)　　　　　　(c)

图 9.15 J形橡胶油封的安装方向

9.2.1.3 间隙油沟式密封

如图 9.16 所示,这种密封可避免磨损,结构简单,但不够可靠。使用时应该用脂填满间隙,以加强密封性能。适用于脂润滑及工作环境清洁的轴承中,沟槽数不少于 3 个。

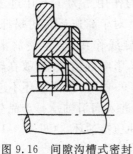

图 9.16 间隙沟槽式密封

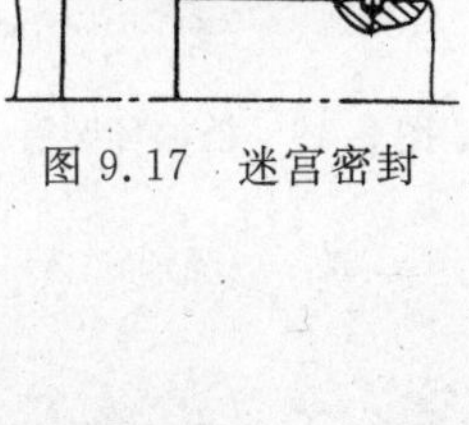

图 9.17 迷宫密封

65

9.2.1.4 迷宫密封

使用这种密封(见图9.17)应用油脂充满曲折狭小的缝隙。迷宫式密封既适用于油润滑也适用于脂润滑。与其他密封形式相比具有密封可靠、无磨擦损失,且具有防尘防漏作用,是一种较理想的密封形式。但其结构复杂,制造和安装不太方便。

9.2.2 轴承室内侧的密封

该处的密封有两种形式,即封油环和挡油环。

9.2.2.1 封油环

当轴承采用脂润滑时,封油环可用来把轴承室与箱体内部隔开,以防止油脂进箱内及箱内润滑油溅入轴承室而使油脂稀释后流失。

常用的油封环装置见图9.18。

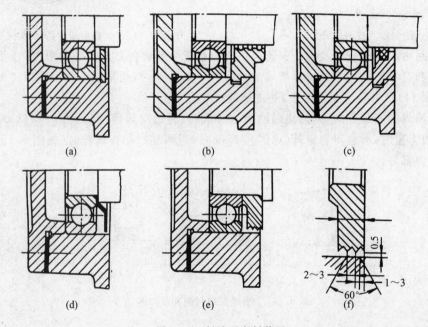

图9.18 封油环密封装置

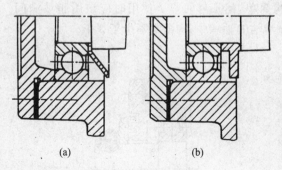

图9.19 挡油环装置

9.2.2.2 挡油环

挡油环的作用是为了不让过多的润滑油进入轴承室。对于高速运转的蜗杆和斜齿轮,由于齿的螺旋线作用,会迫使润滑油冲向轴承,带入杂质,影响润滑效果,故在轴承前常设挡油环(见图9.19)。但挡油环不应封死轴承孔,以利于油进入润滑轴承。产品生产批量较大时可采用冲压挡油环。(见图9.19(a))。

9.2.3　箱盖与箱座接合面的密封

该处密封是在接合面上涂密封胶,如 601 密封胶、7302 密封胶及液体尼龙密封胶等。

为了密封可靠,可在接触面上开回油沟,以便让渗入接合面缝隙中的油流回油池,如图 10.31 所示。

接合面上一般不加垫片,以免影响轴承与孔座的配合。但有时可在接合面上开槽,并在槽内嵌入耐油橡胶条进行密封。

10 减速器装配工作图设计

10.1 概述

减速器装配工作图是表达减速器的工作原理和各零件装配关系的图样,反映了各零件间的相互位置、尺寸及结构形状。它是绘制零件工作图及制造、组装、测绘、调试和维护减速器的主要依据。

设计装配工作图时要结合考虑工作条件、材料、强度、刚度、磨损、加工、装拆、调整、润滑、维护等因素,强调经济性。

设计装配工作图涉及的内容较多,既有结构设计,又有校核计算。有些地方还不能一次确定,因此设计过程较为复杂,常常是边画、边算、边改。

10.2 装配工作图设计前的准备

10.2.1 必要的感性和理性知识

完成减速器拆装实验(见 2.6 节),进行减速器测绘或观看减速器结构及加工工艺录像资料,仔细了解减速器各零部件的相互关系、位置和作用,初步了解减速器加工工艺过程。

10.2.2 有关设计数据的准备

(1) 齿轮传动的主要尺寸,如中心距及齿轮的分度圆直径、齿顶圆直径、轮缘宽度和轮毂长度等。

(2) 电动机的安装尺寸,如电动机中心高、外伸轴直径和长度等。

(3) 链轮、带轮轴孔直径和长度或联轴器轴孔直径和长度。

(4) 根据减速器中传动件的圆周速度,确定滚动轴承的润滑方式(见9.1)。

10.2.3 箱体结构方案的确定

根据工作情况确定减速器箱体的结构。通常齿轮减速器箱体都采用沿齿轮轴线水平剖分式的结构。对蜗杆减速器也可采用整体式箱体的结构。图 10.1～图 10.3 为常见的铸造箱体结构图,图 10.4 为焊接箱体结构图,其各部分尺寸按表 10.1 所列公式确定。

表 10.1 减速器铸造箱体的结构尺寸

名　　称	符号	结构尺寸(mm)	
		齿轮减速器	蜗杆减速器
箱座(体)壁厚	δ	$(0.025\sim0.030)a+\Delta\geqslant8^*$	$0.04a+3\geqslant8$

名　称	符号	结构尺寸(mm)				
		齿轮减速器		蜗杆减速器		
箱盖壁厚	δ_1	$(0.8\sim0.85)\delta\geqslant8$		蜗杆上置：$(0.8\sim0.85)\delta\geqslant8$ 蜗杆下置：$\approx\delta$		
箱座、箱盖、箱底座凸缘的厚度	b,b_1,b_2	$b=1.5\delta,b_1=1.5\delta_1,b_2=2.5\delta$				
箱座、箱盖上的肋厚	m,m_1	$m\geqslant0.85\delta$　$m_1\geqslant0.85\delta_1$				
轴承旁凸台的高度和半径	h,R_1	h由结构要求确定(见图10.1)，$R_1=c_2(c_2$见本表)				
轴承盖(即轴承座)的外径	D_2	凸缘式：$D+(5\sim5.5)d_3$　（d_3见本表，D为轴承外径）嵌入式：$1.25D+10$　（D为轴承外径）				

				结构尺寸(mm)					
地脚螺钉	直径与数目	d_f	蜗杆减速器	$d_f=0.036a+12$　　　$n=4$					
			单级减速器	a(或R)	~100	~200	~250	~350	~450
				d_f	12	16	20	24	30
		n	双级减速器	n	4	4	4	6	6
				a_1+a_2(或$R+a$)	~350	~400	~600	~750	
				d_f	16	20	24	30	
				n	6	6	6	6	
	通孔直径	d_f			15	20	25	30	40
	沉头座直径	D_0			32	45	48	60	85
	底座凸缘尺寸	c_{1min}			22	25	30	35	50
		c_{2min}			20	23	25	30	50

			结构尺寸(mm)						
连接螺栓	轴承旁联接螺栓直径	d_1	$0.75d_f$						
	箱座、箱盖联接螺栓直径	d_2	$(0.5\sim0.6)d_f$；螺栓的间距：$l=150\sim200$						
	联接螺栓直径	d	6	8	10	12	14	16	20
	通孔直径	d'	7	9	11	13.5	15.5	17.5	22
	沉头座直径	D	13	18	22	26	30	33	40
	凸缘尺寸	c_{1min}	12	15	18	20	22	24	28
		c_{2min}	10	12	14	16	18	20	24

名称	符号	结构尺寸(mm)
定位销直径	d	$(0.7\sim0.8)d_2$
轴承盖螺钉直径	d_3	$(0.4\sim0.5)d_f$
视孔盖螺钉直径	d_4	$(0.3\sim0.4)d_f$
吊环螺钉直径	d_5	按减速器重量确定
箱体外壁至轴承座端面的距离	l_1	$c_1+c_2+(5\sim8)$
大齿轮顶圆与箱体内壁的距离	Δ_1	$\geqslant1.2\delta$
齿轮端面与箱体内壁的距离	Δ_2	$\geqslant\delta$(或$\geqslant10\sim15$)

注：* 式中：① a 值：对圆柱齿轮传动、蜗杆传动为中心距；对锥齿轮传动为大、小齿轮节圆半径之和；对多级齿轮传动则为低速级中心距。

② Δ 与减速器的级数有关：单级减速器，取 $\Delta=1$；双级减速器，取 $\Delta=3$；三级减速器，取 $\Delta=5$。

③ $0.025\sim0.030$：软齿面为 0.025；硬齿面为 0.030。

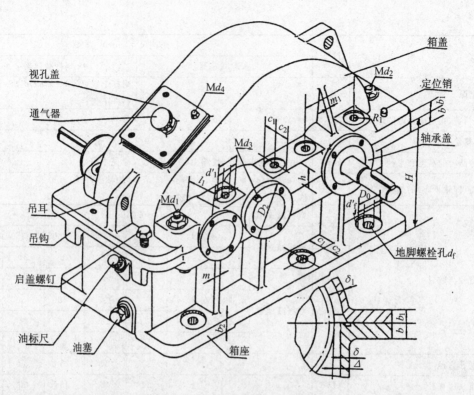

图 10.1　双级圆柱齿轮减速器

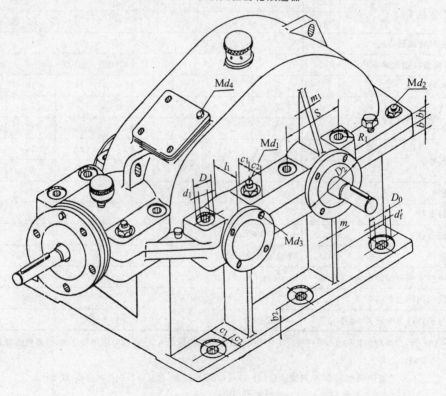

图 10.2　圆锥-圆柱齿轮减速器

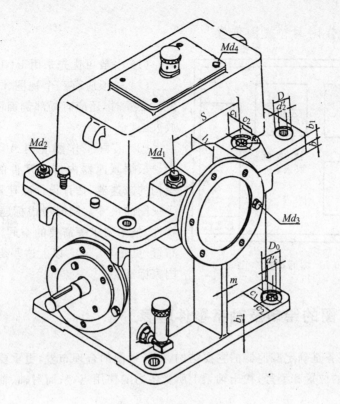

图 10.3　蜗杆减速器

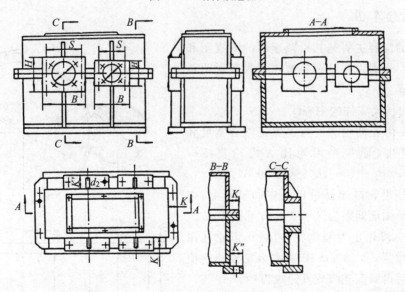

图 10.4　焊接箱体

$H=D+(5\sim5.5)d_3$；$S\approx H$；$B=S+2c_2$；d_3—轴承端盖螺钉直径；c_2—由表 10.1 确定；K,K',K''，按相应的螺栓直径由表 10.1 的 c_1+c_2 或 L_1+L_2 来确定；$\delta'=(0.7\sim$ $0.8)\delta$；δ 由表 10.1 来确定

10.2.4 选择图样比例和视图位置

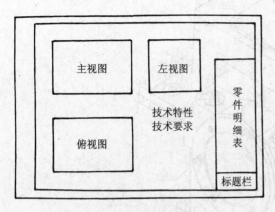

图 10.5 图面布置

（1）一般可优先采用 1：1 或 1：2 比例尺。

（2）一般应有三个视图才能将结构表达清楚。必要时，还应有局部剖面图、向视图和局部放大图。

（3）装配工作图应用 A0 或 A1 号图纸绘制。根据减速器内传动零件的尺寸，参考类似结构的减速器，估计设计减速器的轮廓尺寸（三个视图的尺寸），同时考虑标题栏、明细表、技术特性、技术要求等需要的空间，做到图面的合理布置（见图 10.5）。以上这些要符合机械制图的国家标准。

10.3 装配草图的绘制及轴系零件验算

绘制草图的任务是确定减速器的主要结构，进行视图的合理布置，更重要的是进行轴的结构设计，确定轴承的位置和型号，找出轴系上所受各力的作用点，从而对轴、轴承及键等零件进行校核。

10.3.1 初绘草图

本阶段的内容主要是初绘减速器的俯视图和部分主视图。下面以圆柱齿轮减速器为例说明草图的绘制步骤：

（1）画出传动零件的中心线。

（2）画出齿轮的轮廓。为了保证啮合宽度和降低安装精度，通常小齿轮比大齿轮宽 5～10 mm，即 $b_1' = b_2' + (5\sim10)$（见图 10.6）。

双级圆柱齿轮减速器可以从中间轴开始，中间轴上两齿轮端面间距为 8～15 mm（见图 10.7）。如中间轴上小齿轮也为轴齿轮，可将小齿轮在原来基础上再做宽 8～15 mm，作为大齿轮轴向定位的轴肩。然后再画高速级或低速级齿轮。

（3）画出箱体的内壁线。箱体内壁与齿轮端面及齿轮顶圆应留有一定的间距 $\Delta_2 (>\delta)$ 及 $\Delta_1 (\geqslant 1.2\delta)$，$\delta$ 为箱体壁厚。

（4）确定轴承座孔宽度 L，画出轴承座的外端

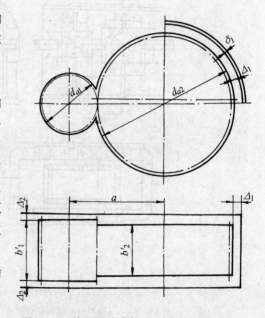

图 10.6 单级圆柱齿轮减速器内壁线绘制

线。$L = \delta + c_1 + c_2 + (5\sim8)$ mm（见图 10.7），c_1，c_2 为连接螺栓的扳手空间，$(c_1 + c_2)$ 为凸台宽度，为减少轴承座孔外端的加工面，凸台还需向外凸出 5～8 mm。

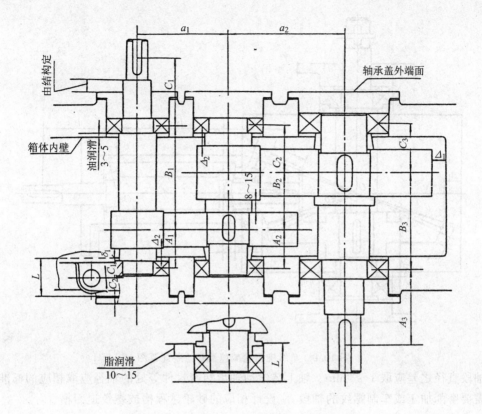

图 10.7 双级圆柱齿轮减速器初绘装配草图

10.3.2 轴的结构设计

轴的结构主要取决于轴上零件、轴承的布置、润滑和密封,同时需满足轴上零件定位正确、固定牢靠、装拆方便、加工容易等条件。轴一般设计成阶梯轴,如图 10.8、图 10.9 所示。

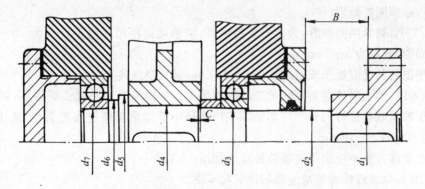

图 10.8 阶梯轴的结构

10.3.2.1 轴的径向尺寸的确定

以初步确定的轴径(见 8.3 节)为最小轴径,根据轴上零件的受力、安装、固定及加工要求,确定轴的各段径向尺寸,轴上零件用轴肩定位的相邻轴径的直径一般相差 5～10 mm。当滚动轴承用轴肩定位时,其轴肩直径由滚动轴承标准中查取。为了轴上零件装拆方便或加工需要,

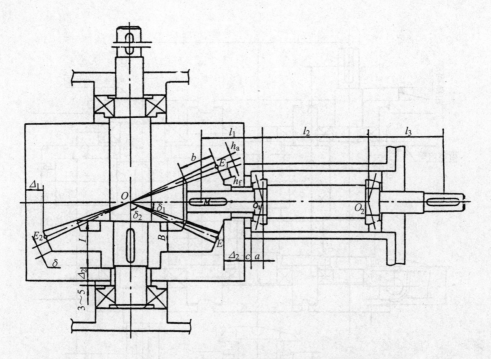

图 10.9　单级锥齿轮减速器初绘装配草图

相邻轴段直径之差应取 $1\sim3\,\mathrm{mm}$。轴上装滚动轴承和密封件等处的轴径应取相应的标准值。

需要磨削加工或车制螺纹的轴段,应设计相应的砂轮越程槽或螺纹退刀槽。

10.3.2.2　轴的轴向尺寸的确定

轴的轴向尺寸主要取决于轴上传动件的轮毂宽度和支承件的轴向宽度及轴向位置,并应考虑有利于提高轴的强度和刚度。

如图 10.8,为保证轴向固定牢靠,应保证 $C=2\sim3\,\mathrm{mm}$,同理,轴外伸段上安装联轴器、带轮、链轮时,必须同样处理。

图 10.7 中,轴承用脂润滑,为了安装挡油环,轴承端面距箱体内壁距离为 $10\sim15\,\mathrm{mm}$;若轴承用油润滑,则取为 $3\sim5\,\mathrm{mm}$。

轴上平键的长度应短于该轴段长度 $5\sim10\,\mathrm{mm}$,键长要圆整为标准值。

图 10.8 中,轴上零件端面距轴承盖的距离为 B。如轴端采用凸缘式联轴器,则 B 至少要等于或大于轴承联接螺钉的长度。如轴端零件直径小于轴承盖螺钉布置直径,或用嵌入式轴承盖时,则 B 可取 $5\sim10\,\mathrm{mm}$。

按以上步骤可初步绘出减速器装配草图如图 10.7 所示。

图 10.9 为单级圆锥齿轮减速器初绘装配草图。

图 10.9 中:　　　$E_1E=d_1,\quad E_2E=d_2$

$$\delta=(3\sim4)m\geqslant10\,\mathrm{mm}$$

$$l=(1.6\sim1.8)B\qquad 待轴径确定后再修正。$$

$$l_1=MN+\Delta_2+c+a$$

式中:MN 为小锥齿轮齿宽中点到轮毂端面的距离;c 为套杯所需尺寸,取为 $8\sim12\,\mathrm{mm}$;a 由所用滚动轴承确定。

74

为了保证轴的刚度，l_2 不宜过小，一般 $l_2 = (2 \sim 2.5) l_1$。

图 10.10 为单级蜗杆减速器初绘装配草图。

下置式（如图 10.10 所示）$H_1 \approx a$；

上置式：蜗轮下部顶圆距箱底大于 $30 \sim 50\,\text{mm}$。

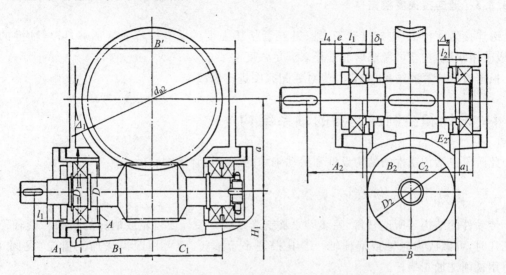

图 10.10　单级蜗杆减速器初绘的装配草图示例

为提高蜗杆轴刚度，应尽量缩小支点间距离，轴承座体采用内伸式。内伸部分的凸台直径 $D_1 \approx D_2$（D_2 为凸缘式轴承盖外径），并将轴承座内端做成斜面，以满足 $\Delta_1 \geqslant 12 \sim 15\,\text{mm}$。

一般取 $B_1 = C_1 = d_2/2$，d_2 为蜗轮分度圆直径。

箱体宽度一般取为 D_2，由箱体宽度可确定出箱体内壁 E_2 的位置，从而确定蜗轮轴的支点距离。

10.3.3　轴、轴承、键的强度校核

10.3.3.1　轴的强度校核

根据初绘装配草图的轴的结构，确定作用在轴上的力的作用点。一般作用在零件、轴承处的力的作用点或支承点取宽度的中点，对于角接触球轴承或圆锥滚子轴承，则应查手册来确定其支承点。确定了力的作用点和轴承间的支承距离后，可绘出轴的受力计算简图，绘制弯矩图、扭矩图和当量弯矩图，然后对危险剖面进行强度校核（参见教材 15.3 节）。

校核后，如果强度不够应增加轴径，对轴的结构进行修改或改变轴的材料。如果强度已够，而且算出的安全系数或计算应力与许用值相差不大，则初步设计的轴结构正确，可以不再修改；若计算值远小于许用应力，也不要马上减小轴径，因为轴径不仅由轴的强度来确定，还要考虑联轴器对轴的直径要求及轴承寿命、键连接强度等要求。因此，轴径大小应在满足其他条件后，才能确定。

10.3.3.2　滚动轴承寿命的校核计算

滚动轴承的类型前面已经选定，在轴的结构确定后，轴承的型号随之确定，即可进行寿命

计算。轴承的寿命最好与减速器的寿命大致相等,如达不到,至少应达到减速器检修期(2～3年)。如果寿命不够,可先考虑选用其他系列的轴承;其次考虑改选轴承的类型或轴径。如果计算寿命太大,可考虑选用较小系列轴承(参见教材 14.4 节)。

10.3.3.3 键连接强度校核

键连接强度校核,应校核轮毂、轴、键三者挤压强度的弱者。若强度不够,可增加键的长度,或改用双键,甚至可考虑增加轴径来满足强度的要求。

根据检验计算的结果,必要时应对装配底图进行修改。

10.4 设计和绘制减速器的轴系结构

此阶段包括传动件的结构设计和滚动轴承的组合设计等内容。

10.4.1 传动件的结构设计

传动件的结构与所选材料、毛坯尺寸及制造方法有关。当齿轮或蜗杆的根圆与其轴径相差无几时,可做成齿轮轴或蜗杆轴。若其根圆小于轴径,则可用滚齿法加工齿轮(见图 10.11),用铣削法加工蜗杆。

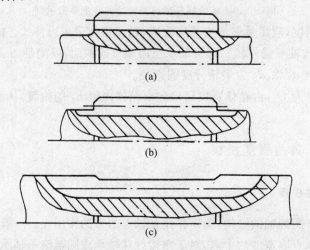

图 10.11 齿轮轴的结构

齿轮与轴也可分开制造后再装配,见图 10.12,但必须使圆柱齿轮 $x \geqslant 2.5m_t$(m_t 为端面模数),圆锥齿轮 $x' \geqslant 1.6m$(m 为大端模数)。

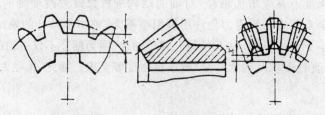

图 10.12 齿轮的结构尺寸

为降低成本,也可采用装配式结构。当大齿轮材料选用合金钢时,齿圈用合金钢,轮芯用普通钢;外圈大于 100 mm 的青铜蜗轮,常将青铜轮圈镶铸在预热的铸铁或钢制轮芯上,冷缩后产生的箍紧力,使两者可靠地连接在一起;或将两者压配后用螺栓连接。

10.4.2 滚动轴承的组合设计

轴承的组合设计应从结构上保证轴系的固定、游动与游隙的调整,常用的结构有:

10.4.2.1 两端固定

这种结构在轴承支点跨距<300 mm 的减速器中用得最多。图 10.13 是一种常用的两端固定轴系结构,用端盖顶住两轴承外圈的外侧,其结构简单,但应留有适量的轴向间隙 a,以避免工作中因轴系热伸长而引起温度应力并保证轴承灵活运转。间隙量 a 是靠调整的方法来控制的。图 10.13(a)是用凸缘式端盖固定轴承;图 10.13(b)是用嵌入式端盖固定轴承。

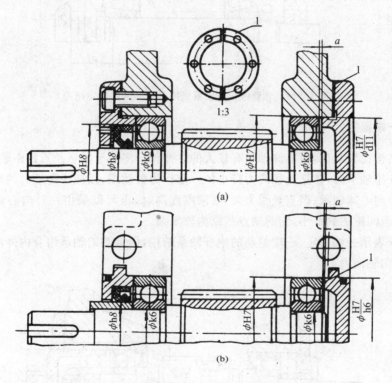

图 10.13 固定轴承外圈外侧的两端固定轴系结构

对可调间隙的向心角接触轴承,可通过调整轴承外圈的轴向位置得到合适的轴承游隙,以保证轴系的游动,并达到一定的轴承刚度,使轴承运转灵活、平稳。

有固定间隙的轴承,如向心球轴承(深沟球轴承)可在装配时通过调整,使固定件与轴承外圈外侧留有适量的间隙。

对于向心角接触轴承,当采用"正装"和"反装"时,两端固定形式不同,对轴系的刚性有不同的影响。如图 10.14 所示,在轴承跨距 L 相同情况下,$L_1<L_2$,而 $a_1>a_2$,故图 10.14(b)轴系比图 10.14(a)的刚性要大;而在相同的径向载荷 Q 作用下,图 10.14(b)轴承所受径向力却较小,它的缺点是受径向力大的轴承承受齿轮的轴向载荷。当要求轴承布置紧凑而又需要提高悬臂轴系的刚性时,常采用图 10.14(b)的结构。

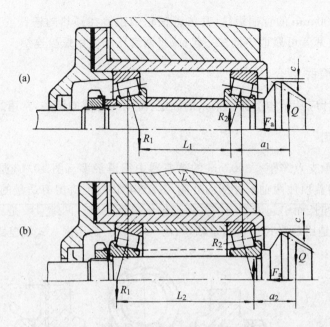

图 10.14　悬臂锥齿轮轴系采用不同的两端固定结构

10.4.2.2　一端固定,一端流动

　　此轴系结构比较复杂,但容许轴系有较大的热伸长。多用于轴系及点跨距较大、温升较高的轴系中。安排轴承时,常把受径向力较小的一端作为游动端,以减小游动时的摩擦力。固定端可选用一个向心球轴承;但支点受力大、要求刚度高时,也可以采用一对向心角接触球轴承组合,并使轴承间隙达到最小,它的缺点是结构较复杂。

　　图 10.15 表示一端固定、一端游动的蜗杆轴系结构,固定端的轴承组合内外圈两侧均被固定,以承受双向轴向力。

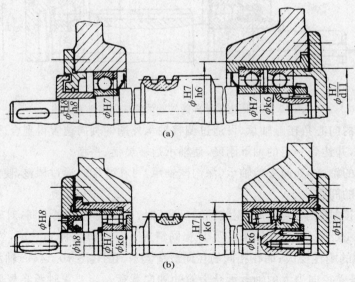

图 10.15　蜗杆轴系的轴承结构

78

游动端支承可选用向心球轴承或向心滚子轴承(又称圆柱滚子轴承)。对于向心球轴承(图 10.15(a))内圈两侧需固定,外圈则不固定,从而容许轴承游动。对于向心滚子轴承(见图 10.15(b)),内外圈两侧都要固定,游动靠滚子相对于外圈的轴向位移来实现。

游动端轴承间隙一般是不能调整的,支座刚性较差。在特殊要求情况下,可在向心球轴承外圈端面用弹簧 1 顶住,使轴承保持预紧,以增加游动端支座刚性。但要适当控制弹簧力的大小,以保证轴承游动,见图 10.16。

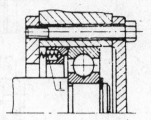

图 10.16　提高游动端轴承支座的刚性

轴承外圈的轴向固定常用轴承端盖和凸肩(见图 10.14)。

轴承端盖有凸缘式及嵌入式两种(见图 10.13)。凸缘式端盖用螺钉拧在箱体上,其间可加环形垫片 1,用来调整及加强密封。垫片 1 还可以做成两个半环形,以便在不拆端盖情况下增减垫片,进行调整,使用较方便。为保证定位精度,端盖与轴承座配合长度不小于 5~8 mm。

嵌入式端盖不用螺钉固定,结构简单,与其相配的轴段长度比用凸缘式端盖的短,但密封性能较差。采用这种轴承端盖,调整间隙时要开箱盖,以便增减垫片,因此多用于不可调间隙的轴承。端盖与轴承座孔间可用 O 型密封圈密封(见图 10.13(b))。

为便于调整轴承间隙,可使用螺纹件连续调节,见图 10.17。图 10.17(a)是在嵌入式端盖上安装大直径螺纹件 1 顶住自位垫圈 2,这种结构可调整轴承间隙,又降低了垫圈端面精度要求。调整后,用锁紧片 3 固定螺纹件 1。图 10.17(b)是在凸缘式端盖上设置螺纹调整件 1。这种结构调整轴承间隙时不用拆箱体,比较方便,但结构比较复杂。

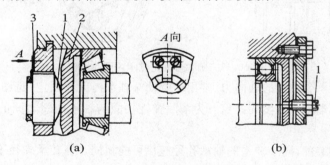

(a)　　　　　　　　　　　　　(b)

图 10.17　用螺纹件调整轴承间隙

可在箱体或套杯上作出凸肩,顶住轴承外圈(见图 10.14)。对于悬臂的小锥齿轮轴系,常置于套杯内形成独立组件。套杯凸缘与箱体间的垫片用来调整轴系位置,与凸缘之间的垫片用来调整轴承间隙(见图 10.14)。一般情况下,凸肩不可过大以保证足够大的 t_2(见图 10.18),以便拆卸轴承,另外 a 也应有足够尺寸,使拆卸轴承时工具能进入。还可在凸肩上作出缺口及孔,以利于轴承拆卸。

在选择与轴承的配合时,转速愈高、负载愈大或工作温度愈高时,应采用紧一些的配合,经常拆装的轴承或游动圈则采用较松的配合。对于与内圈配合的旋转轴,通常用 n_6、m_6(中等负载)、j_6(轻负载)、h_6 等;对于与不转动的外圈相配合的轴承座孔,常选用 H_6(精度高时要求)H_7 等,具体选择可参考实践经验或手册。轴承内圈的轴向固定常用轴肩、轴端挡圈、轴用弹性挡圈、圆螺母。圆螺母还可用于调整轴承游隙。设计圆螺母固定结构时,应注意止动垫圈的内舌要嵌入轴的沟槽内,以保证防松(见图 10.19)。图中的隔套 1 用以防止圆螺母与圆锥滚

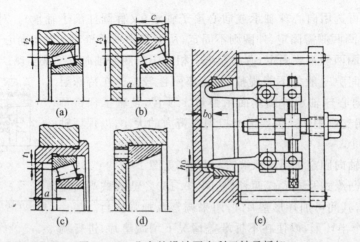

图 10.18　凸肩的设计要有利于轴承拆卸

子轴承的保持架相接触。当用圆螺母移动轴承内圈来调整游隙时,轴与内圈的配合应选松些,常取 h_6。

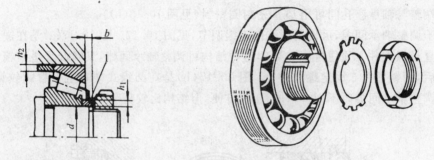

图 10.19　圆螺母固定轴承内圈的结构

　　弹性挡圈不能承受较大的轴向力,常用于游动端轴承内圈的固定(见图 10.15),或用于受轴向力很小的固定端轴承内圈的固定。为清除弹性挡圈与轴承内圈之间的间隙,可在二者间设置补偿环。

　　为便于加工和装配,同一轴系的轴承孔径应尽可能相同。当轴承外径不同时,可采用套杯结构,以保证孔径相同(见图 10.20)。

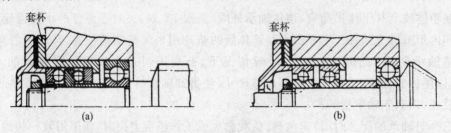

图 10.20　轴承座孔的设计

　　轴承安装前应清洗并涂上防锈油。小轴承安装可用小紫铜锤均匀轻敲轴套装入。尺寸大的轴承或批量大的轴承应用压力机或专用工具,如图 10.21 所示。安装阻力很大的轴承可将轴承放入 80～90 ℃的油中加热或将轴颈用干冰冷却。禁止用重锤直接打击轴承。

　　轴承拆卸时的加力原则与安装时相同。拆卸最好用专用工具进行。内圈拆卸可用图

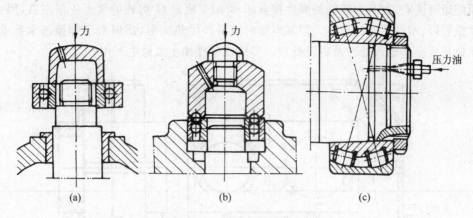

图 10.21 轴承的安装工具

(a) 安装轴承内圈;(b) 同时安装轴承内外圈;(c) 锥形孔轴承的安装

10.22(b)所示的拆卸拉模,要求轴肩高度不大于内圈高度的 3/4,否则须在轴上制出沟槽,如图 10.22(a)所示。外圈拆卸时座孔应用便于拆卸的结构,如 10.18(a)~(d)所示。h_0 为拆卸高度,b_0 为拆卸宽度,常取 $b_0 = 8 \sim 10\,\text{mm}$。图 10.18(d)制有拆卸螺孔。

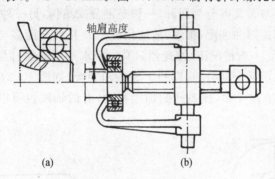

图 10.22 轴承内圈的拆卸

10.5 设计和绘制箱体及其附件的结构

10.5.1 设计和绘制箱体的结构

减速器箱体是支承和固定轮系零件的重要零件。它的设计合理与否,将直接影响减速器的工作性能,如传动件的啮合精度、润滑与密封等。另外,因其重量较大,加工也比较复杂,所以在设计箱体结构时必须综合考虑传动质量和加工工艺等问题。

10.5.1.1 减速器箱体的分类形式

减速器箱体按毛坯制造方法可分为铸造和焊接两种型式。

铸造箱体,一般采用 HT150 或 HT200 制成。尽管铸造箱体质量较大,但其良好的吸振性,且易于机械加工等优点,在批量生产中应用广泛,如图 10.1~图 10.3 所示。在重型减速器中,也有用铸钢铸造的。

焊接箱体,一般采用 Q235 钢板焊接而成,如图 10.23、10.4 所示。焊接箱体具有重量轻、生产周期短等优点,而且由于钢的弹性模量 E 和切变模量 G 均较铸铁大一倍左右,因而可以得到质量较轻、刚性更好的箱体。但其焊接时容易产生热变形,所以对于焊接技术要求较高,而且在焊接后应作退火处理及矫正处理。多用在单件和小批量生产中。

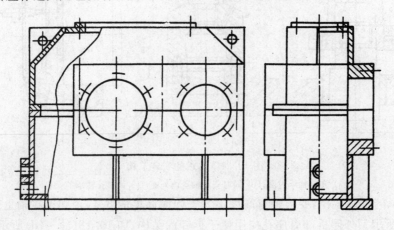

图 10.23 焊接箱体

减速器箱体按剖分与否又可分为两种,一种是剖分式结构,另一种是整体结构。

剖分式箱体便于减速器的装配、维修,故应用较广。其剖分面多与传动件轴线平面重合,如图 10.1、图 10.2 所示,一般情况下,减速器只有一个水平剖分面,但在某些水平轴在垂直面内排列的减速器也可采用两个剖分面,以利于制造和装配,如图 10.24 所示。另外,在多级传动中,为了减小箱体的结构尺寸,提高孔的加工精度,有的轴线也可以不设在剖分面上,如图 10.25 所示。

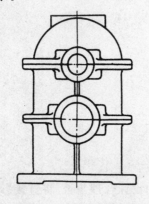

图 10.24 两剖分面箱体

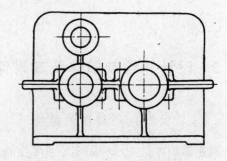

图 10.25 多级传动减速器箱体

整体式箱体结构紧凑,具有孔的加工精度高、零件数量少、重量轻等优点,但装配较复杂,常用于小型圆锥齿轮和蜗杆减速器。

减速器箱体还可按外形来分类,但究竟采用哪种形式的箱体,要根据具体的情况分析,做到既能满足工作需要,又便于制造和安装。

10.5.1.2 箱体结构设计

在一般减速器中,箱体设计要考虑刚度、密封、润滑及工艺性因素。

(1)保证箱体具有足够的刚度。在箱体结构设计中,首先应考虑要有足够的刚度。因为箱体的刚度不够,会在加工和工作过程中产生不允许的变形,从而引起轴承座孔中心线偏斜,影响减速器的正常工作。由此可见,保证轴承座的刚度尤为重要,故应使轴承座有足够的厚度,并且要在轴承座附近加支撑肋,见图10.1。

另外,如果是剖分式箱体结构时,还要保证它的连接刚度。

箱体加肋的形式一般有两种,即外肋和内肋,如图10.26所示。内肋具有刚度大、外表光滑美观等优点,但又有内壁阻碍润滑油流动、工艺较复杂等缺点。当轴承座伸到箱体内部时,则常常加内肋。目前采用加内肋结构有增多的趋势。

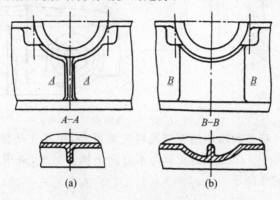

图 10.26 箱体加肋形式

(a) 外肋 (b) 内肋

为了提高轴承座处的连接刚度,座孔两侧的连接螺栓的距离应尽量缩短,小于 150～200 mm,并应尽量对称布置,但又不与端盖螺钉孔干涉。同时,轴承座孔附近还应做出凸台,如图10.27所示。但其高度要保证安装时有足够的扳手空间,如图10.28所示。有关凸台的尺寸,参见表10.2,由画图确定。图10.27还对有无凸台两种情况的轴承座连接刚性进行了比较,图10.27(a)中有凸台,且 s_1 较小,故刚性大;图10.27(b)中没有凸台,且 s_2 较大,故刚性小。在设计轴承座凸台时,其高度尽量一致,可先确定最大轴承座的凸台尺寸,而后定出其他凸台。

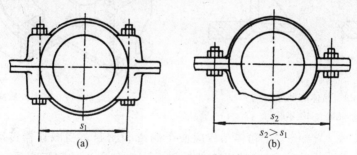

图 10.27 轴承座联接刚性比较

(a) 轴承座刚度:大 (b) 小

表 10.2 $c_1 c_2$ 值

螺栓直径(mm)	M8	M10	M12	M16	M20	M24	M30
c_{1min}	13	16	18	22	26	34	40
c_{2min}	11	14	16	20	24	28	34
沉头座直径	20	24	26	32	40	48	60

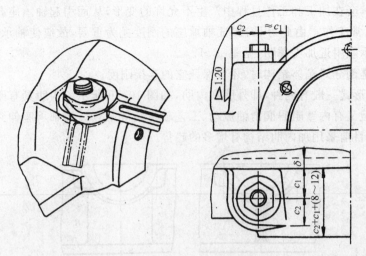

图 10.28　凸台结构

为了提高箱体刚性,箱盖和箱座的连接凸缘应取厚些,箱座底凸缘的宽度 B 应超过箱体内壁,如图 10.29(a)所示;图 10.29(b)所示为不好的结构。另外,采用方型外廓减速器,也能提高箱体刚性,如图 10.30 所示。

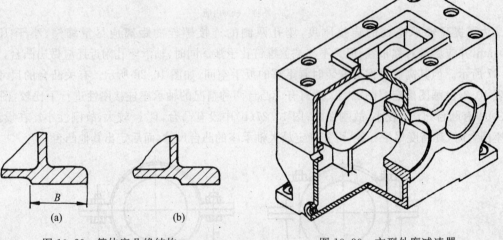

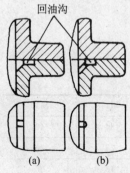

回油沟

图 10.29　箱体底凸缘结构
（a）正确　（b）不好

图 10.30　方型外廓减速器

图 10.31　回油沟结构

（2）箱体结构应便于润滑和密封。当减速器传动件采用浸油润滑时,减速器中滚动轴承采用飞溅润滑或刮板润滑。此时,应在箱座接合面上制出输油沟如图 9.7 所示。输油沟的制造方法见图 9.8。

为了保证良好的密封性,箱盖与箱座的接合面应精加工,其表面粗糙度应不大于 $R_a 6.3 \mu m$。密封要求较高的表面还要经过刮研。为了进一步提高密封性,在箱座凸缘上面常加工出回油沟,如图 10.31 所示,具体尺寸可参考图 9.8。

对于蜗杆减速器,由于发热过大,应进行热平衡计算。若经过计算不符合要求,则可适当增加箱体尺寸或增设散热片或风扇等结构

（参见教材 7.5 节）。

（3）箱体结构应具有良好的工艺性。箱体结构工艺性的好坏，对提高加工精度和装配质量，提高劳动生产率以及便于检修维护等都有直接影响，设计时应特别注意。

① 铸造工艺性。在设计铸造箱体时应根据铸造工艺的特点，注意以下几个问题：

力求形状简单、壁厚均匀、过渡平缓。如果箱体各部分的壁厚不均匀，则在冷却过程中各部分冷却速度不一致，将产生内应力或出现缩孔现象，如图 10.32 所示。铸件由较厚部分过渡到较薄部分时应采用平缓的过渡结构，具体尺寸见表 10.3。

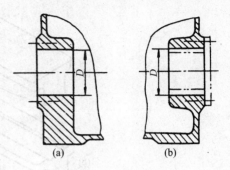

图 10.32　轴承座结构

(a) 不好（有缩孔）　(b) 正确

表 10.3　铸件过渡部分尺寸 （mm）

铸件壁厚 h	x	y	R
10~15	3	15	5
15~20	4	20	5
20~25	5	25	5

为了便于造型时取模，铸件面沿拔摸方向应有斜度，一般取 1：10~1：20，另外，在沿拔摸方向应尽量避免凸起部分。

考虑到液态金属流动的特点，铸件壁厚不能太薄，其最小值见表 10.4。

表 10.4　铸件最小壁厚（砂型铸造） （mm）

材　　料	小型铸件 ≤200×200	中型铸件 (200×200)~(500×500)	大型铸件 >500×500
灰口铸铁	3~5	8~10	12~15
可锻铸铁	2.5~4	6~3	—
球墨铸铁	>6	12	—
铸　钢	>8	10~12	15~20
铝 合 金	3	4	

② 机械加工工艺性

在箱体结构设计中，由于加工表面较多，为了提高劳动生产率，减少刀具磨损，节省原材料，应尽可能减少机械加工面积，如箱座底面可以设计成图 10.33 中的(b)、(c)、(d)所示的几种结构形式，以减少加工面积。对于螺栓头部或螺母支承面，可采用局部加工的方法（即凸台或沉头座），如图 10.34 所示。

严格区分加工表面与非加工表面。如轴承座端面、窥视孔端面等需要加工，因此应当凸出一些，且各轴承座端面应位于同一平面上，以利于一次调整加工。如图 10.35 所示。

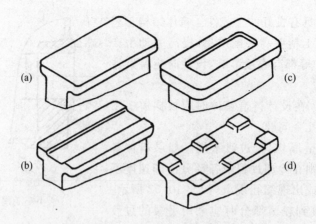

图 10.33 箱体座底面结构

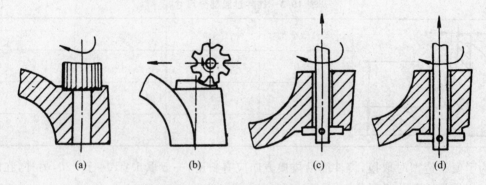

图 10.34 凸台支承面及沉头座的加工方法

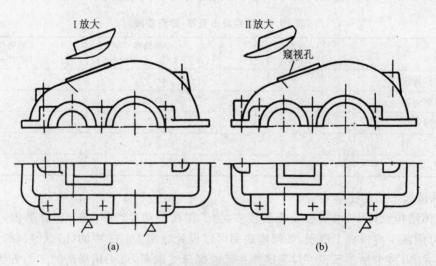

图 10.35 轴承座的外端结构

(a) 不正确 (b) 正确

  箱体结构设计时,还应考虑机械加工时走刀不要相互干涉。如图 10.36(a)所示,在加工窥视孔端面时,刀具将与吊环螺钉座相撞,故应改为图 10.36(b)所示的结构。

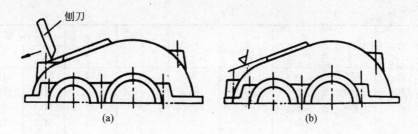

图 10.36　窥视孔凸台结构

（a）不正确　（b）正确

10.5.1.3　箱体结构尺寸的确定

箱体的结构和受力情况均比较复杂，目前还尚无完整的理论设计方法，主要是根据经验设计并考虑上述结构设计要求确定其结构尺寸。

由于箱体结构与减速器内的其他零部件，如传动零件、轴承部件等密切相关，因此，箱体与这些零部件的结构设计应互相穿插进行。具体设计过程参见有关章节，表 10.1 表示了箱体结构的主要尺寸计算方法。

10.5.2　减速器附件的结构设计

为了检查传动件的啮合情况、注油、排油、指示油面高度、通气以及装拆吊运等，减速器还常设置有各种附件。

10.5.2.1　窥视孔及盖

窥视孔用来检查传动件的啮合情况、齿侧间隙接触斑点及润滑情况等。箱体内的润滑油也由此孔注入，但为了减少油内的杂质进入箱内，可在窥视孔口处装一过滤网。

窥视孔通常开在箱盖的顶部，且能看到啮合区的位置。其大小可视减速器的大小而定，但至少应能将手伸入箱内进行检查操作。

窥视孔要有盖板。盖板可用钢板或铸铁制成，用 M8～M12 的螺钉紧固。一般中小型窥视孔及盖板的结构尺寸，见表 10.5。当然，也可参照减速器有关结构自行设计。

表 10.5　窥视孔及盖板　　　　　　　　　　　　　　　（mm）

A	B	A_1	B_1	A_2	B_2	h	R	螺 钉		
								d	L	个数
115	90	75	50	95	70	3	10	M 8	15	4
160	135	100	75	130	105	3	15	M10	20	4
210	160	150	100	180	130	3	15	M10	20	6
260	210	200	150	230	180	4	20	M12	25	8
360	260	300	200	330	230	4	25	M12	25	8
460	360	400	300	430	330	6	30	M12	25	8

10.5.2.2 通气器

减速器工作时,箱体内的温度和压力都会升高,热涨的气体可以通过通气器及时排出,使箱体内、外压力平衡,使得密封件不受高压气体的损坏。

通气器多装在箱盖的顶部或窥视孔盖上。

表 10.6 所示为几种通气器的结构及尺寸,可供选用。

表 10.6 通气器 (mm)

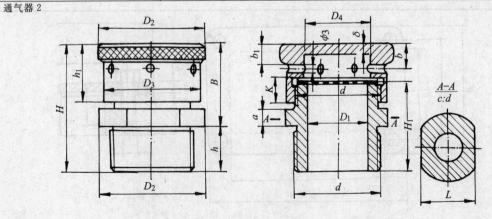

通气器 1

d	D	D_1	S	L	l	a	d_1
M10×1	13	11.5	10	16	8	2	3
M12×1.25	18	16.5	14	19	10	2	4
M16×1.5	22	19.6	17	23	12	2	5
M20×1.5	30	25.4	22	28	15	4	6
M22×1.5	32	25.4	22	29	15	4	7
M27×1.5	38	31.2	27	34	18	4	8
M30×2	42	36.9	32	36	18	4	8
M33×2	45	36.9	32	38	20	4	8
M36×3	50	41.6	36	46	25	5	8

S——螺母扳手宽度

通气器 2

d	D_1	B	h	H	D_2	H_1	a	δ	K	b	h_1	b_1	D_3	D_4	L	孔数
M27×1.5	15	≈30	15	≈45	36	32	6	4	10	8	22	6	32	18	32	6
M36×2	20	≈40	20	≈60	48	42	8	4	12	11	29	8	42	24	41	6
M48×3	30	≈45	25	≈70	62	52	10	5	15	13	32	10	56	36	55	8

10.5.2.3 吊环螺钉、吊耳及吊钩

为了拆卸及搬运,应在箱盖上安装吊环螺钉或铸出吊耳(吊耳环)并在箱座上铸出吊钩。

吊环螺钉为标准件,可按起重量选用。图 10.37 为吊环螺钉的螺孔尾部结构,其中图 10.37(c)所示螺孔的工艺性较好,属应该采用的结构。

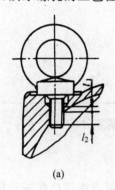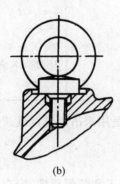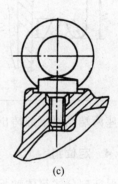

（a）　　　　　　　　（b）　　　　　　　　（c）

图 10.37　吊环螺钉的螺孔尾部结构

（a）不正确　（l_1 过短；l_2 过长）　（b）可用　（c）正确

吊环螺钉一般用于拆卸机盖,当然也可以用来吊运一些轻型减速器。

为了减少机加工工序,可在箱盖上铸出吊耳来替代吊环螺钉,其结构见表 10.7。

表 10.7　吊耳和吊钩

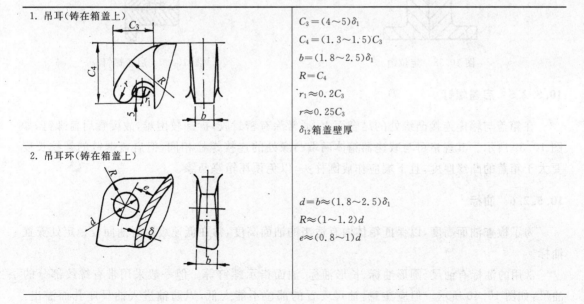

1. 吊耳(铸在箱盖上)	$C_3 = (4\sim5)\delta_1$
	$C_4 = (1.3\sim1.5)C_3$
	$b = (1.8\sim2.5)\delta_1$
	$R = C_4$
	$r_1 \approx 0.2C_3$
	$r \approx 0.25C_3$
	δ_1箱盖壁厚
2. 吊耳环(铸在箱盖上)	$d = b \approx (1.8\sim2.5)\delta_1$
	$R \approx (1\sim1.2)d$
	$e \approx (0.8\sim1)d$

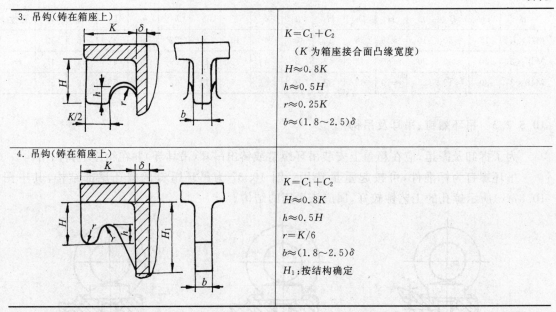

3. 吊钩(铸在箱座上)	$K=C_1+C_2$ （K 为箱座接合面凸缘宽度） $H\approx0.8K$ $h\approx0.5H$ $r\approx0.25K$ $b\approx(1.8\sim2.5)\delta$
4. 吊钩(铸在箱座上)	$K=C_1+C_2$ $H\approx0.8K$ $h\approx0.5H$ $r\approx K/6$ $b\approx(1.8\sim2.5)\delta$ H_1：按结构确定

箱座两端凸缘下部铸出的吊钩,是用来吊运整台减速器或箱座零件的。

10.5.2.4 定位销

为保证剖分式箱体轴承座孔的加工和装配精度,应在箱盖和箱座连接凸缘的长度方向两端(也可是对角线方向)各安置一个圆锥定位销,如图 10.38 所示。注意两销间距离应尽量远些,并用连接螺栓紧固,然后再加工轴承座孔。在今后的安装中,也用此圆锥销定位。

图 10.38 定位销   图 10.39 启盖螺钉

10.5.2.5 启盖螺钉

在箱盖与箱座连接凸缘处的结合面上,通常涂有密封胶,拆卸较困难,故设置启盖螺钉,如图 10.39 所示。其规格可与减速器箱体两端凸缘处的连接螺栓相同,但启盖螺钉的螺纹长度要大于箱盖的凸缘厚度,且下端应作成圆柱头,以免顶坏箱座凸缘。

10.5.2.6 油标

为了检查油面高度,以保证箱体内有适当的油面高度,常在低速级附近油面较稳定处安置油标。

常用的油标有油尺、圆形油标、长形油标、油面指示螺钉等。但一般采用带有螺纹部分的油尺,如图 10.40 所示。但应注意,油尺安置的部位不能太低,以防油进入油尺座孔而溢出。

另外,箱座油尺座孔的倾斜位置应便于加工和使用,见图 10.41。

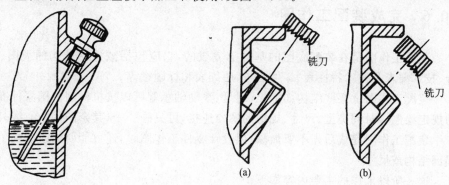

图 10.40　带螺纹部分的油尺　　　图 10.41　箱座油尺座孔的倾斜位置

10.5.2.7　放油螺塞

为了换油和清洗箱体时排出油污,应在油池最低处设置排油孔,平时排油孔加油封圈用螺塞堵住,如图 10.42 所示。

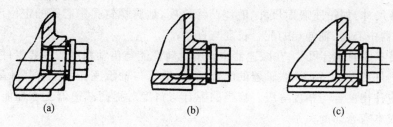

图 10.42　排油孔位置

螺塞和油封圈的结构尺寸见表 10.8。

表 10.8　六角头螺塞　　　　　　　　　　　　　　　　　　　　　　　　(mm)

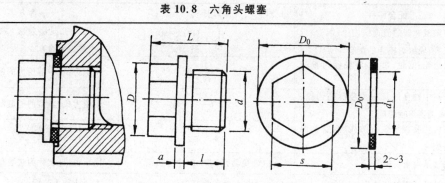

d	D_0	L	l	a	D	s	d_1	材料
M16×1.5	26	23	12	3	19.6	17	17	
M20×1.5	30	28	15	4	25.4	22	22	螺塞:Q235
M24×2	34	31	16	4	25.4	22	26	油封圈:耐油橡胶;工业用革;石棉
M27×2	38	34	18	4	31.2	27	29	橡胶纸
M30×2	42	36	18	4	36.9	32	32	

10.6 完成装配工作图

装配工作图是在装配底图的基础上完成的,它应包括减速器结构的视图、必要尺寸及配合、技术要求及技术特性表、零件编号、明细表和标题栏等。

装配工作图上某些结构如螺栓、螺母、滚动轴承等可以按机械制图国家标准关于简化画法的规定绘制。对同类型、尺寸、规格的螺栓连接,可只画一个,其余的用中心线表示。

装配工作图完成后先不要加深,因设计零件工作图时,还可能要修改装配工作图中的某些局部结构或尺寸。

这一阶段工作的主要内容如下:

10.6.1 标注装配图尺寸、配合与精度等级

装配图上应标注的尺寸有:

(1)特性尺寸:如传动零件中心距及其偏差。

(2)最大形体尺寸:如减速器总的长、宽、高。

(3)安装尺寸:如箱座底面尺寸、底座凸缘厚度、地脚螺钉孔中心线的定位尺寸及其直径和间距、减速器中心高、轴伸端的配合长度与直径;

(4)主要零件的配合尺寸:在减速器中影响运转性能与传动精度的主要零件的配合尺寸,如轴与箱体内外传动件、轴承、联轴器的配合尺寸、轴承与轴承座孔的配合尺寸等。标注这些尺寸的同时应注出配合与精度等级。恰当的配合与精度对提高减速器工作性能,改善加工工艺性及降低成本有密切的关系。

表10.9给出了减速器主要零件的荐用配合,这些配合不要求全注,仅供设计时参考。

表10.9　减速器主要零件的荐用配合

配合零件	荐用配合	装拆方法
大中型减速器的低速级齿轮(蜗轮)与轴的配合;轮缘与轮芯的配合	$\dfrac{H7}{r6}$;$\dfrac{H7}{s6}$	用压力机或温差法(中等压力的配合;小过盈配合)
一般齿轮、蜗轮、带轮、联轴器与轴的配合	$\dfrac{H7}{r6}$	用压力机(中等压力的配合)
要求对中性良好及很少装拆的齿轮、蜗轮、联轴器与轴的配合	$\dfrac{H7}{n6}$	用压力机(较紧的过渡配合)
小锥齿轮及较常装拆的齿轮、联轴器与轴的配合	$\dfrac{H7}{m6}$;$\dfrac{H7}{k6}$	手锤打入(过渡配合)
滚动轴承内圈与轴	j6(轻负荷);k6,m6(中等负荷)	用压力机(实际为过盈配合)
滚动轴承外圈与箱体孔的配合	H7、H6(精度高时要求)	木锤或徒手装拆
轴承套杯与箱座孔的配合	$\dfrac{H7}{h6}$	木锤或徒手装拆

10.6.2 写出技术特性和技术要求

10.6.2.1 技术特性

在装配图上用文字写出或用表格列出减速器的技术特性。其具体内容与格式见表10.10。

表 10.10

输入功率 (kW)	输入转速 (r/min)	总传动比 i	效率 η	传动特性					
				级别	β	m_n		齿数	精度等级
				第一级			z_1		
							z_2		

10.6.2.2 技术要求

为了确保机器的使用性能,往往在机器安装、调试、维护等诸方面有一定的技术要求。其包括以下几个内容:

(1)对零件的要求:在装配之前,所有零件用煤油清洗,滚动轴承用汽油清洗。箱体内不允许有任何杂物存在。箱体内壁涂两层不会被机油浸蚀的涂料。箱体不加工表面,应涂以某种颜色油漆。

(2)对滚动轴承轴向游隙或间隙的要求:在安装和调整滚动轴承时,必须保证一定的轴向游隙,否则会影响轴承的正常工作。对于深沟球轴承,一般应留有 $\Delta = 0.20 \sim 0.40$ mm 的轴向游隙,其他轴承可查手册。

轴向游隙的调整,可用垫片或螺钉来实现。

(3)对传动侧隙和接触斑点的要求:此要求是根据传动精度确定的,具体数值可查手册。

检查测隙的方法可用塞尺测量,或将铅丝放进传动件啮合的间隙中,然后测量铅丝变形后的厚度即可。

检查接触斑点的方法是在主动件齿面上涂色,并将其转动,观察从动件齿面的着色情况,由此分析接触区位置及接触面积大小。具体见实验 2.6.4 节。

若检查不符合要求,可对齿面进行配研、跑合或调整传动件的啮合位置,以达到传动精度要求。

(4)对密封性能的要求:在箱体剖分面、各接触面及密封处均不允许漏油。剖分面上允许涂密封胶或水玻璃,但不允许塞入任何垫片或填料。轴伸处密封应涂上润滑油。

(5)对润滑剂的要求:润滑剂在机器工作过程中的主要作用是减少摩擦、磨损、散热和冷却,同时也有利于防锈和冲洗杂质。在技术要求中必须标明传动件及轴承所用润滑剂的牌号、用量、补充及更换时间。一般每隔半年左右换油一次。

(6)对包装、运输和外观的要求:对外伸轴和零件需涂油严密包装,箱体表面涂灰色油漆,运输或装卸不可倒置等。

10.6.2.3 零部件编号、明细表、明细栏

(1)零部件编号:零部件编排序号的方法有两种:一种是标准件和非标准件混合一起编排;另一种是将非标准件编号填入明细栏中,而标准件直接在图上标注规格、数量和图标号或另外列专门的表格。

为了使全图布置得美观整齐,指引线尽可能分布均匀且不要彼此相交,指引线通过有剖面线的区域时,要尽量不与剖面线平行,必要时可画成折线,但只允许弯折一次,如图 10.43 所示,对于装配关系清楚的零件组,可以采用公共指引线,如图 10.44 所示。序号应注在图形轮廓线的外边指引线端部的横线上。标注序号的横线要沿水平或垂直方向按顺时针或逆时针次序排列整齐。每一种零件在各视图上只编一个序号。序号字体要比尺寸数字大一号或两号。

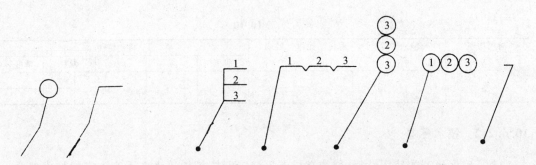

图 10.43　指引线　　　　　　　　　　图 10.44　公共指引线

（2）明细表、标题栏。明细表是减速器所有零件的详细目录，它在标题栏上方，外框为粗实线，内格为细实线，由下而上排列。假如地方不够，也可在标题栏的左方再画一排。

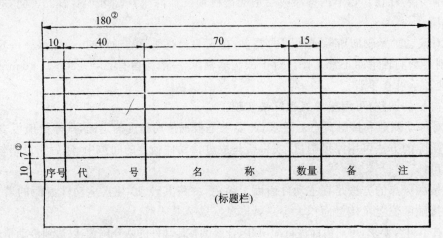

注：① 根据需要可用 10；

② 根据需要可用 120，但标题尺寸不变。

图 10.45　明细表格式

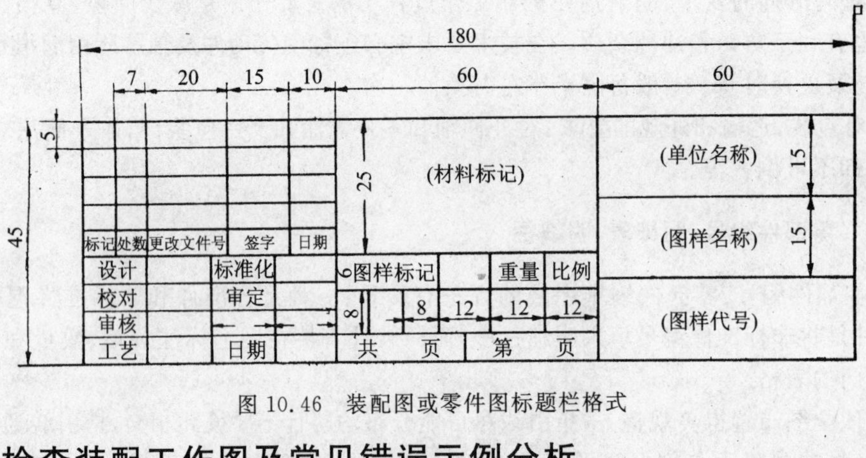

图 10.46　装配图或零件图标题栏格式

10.7　检查装配工作图及常见错误示例分析

10.7.1　检查装配工作图

完成装配工作图后，应再作一次仔细检查，其主要内容包括：

94

（1）视图数量是否足够，能否清楚地表达减速器的工作原理和装配关系。

（2）各零、部件的结构是否正确合理，加工、装拆、调整、维护、润滑等是否可行和方便。

（3）尺寸标注是否正确、配合和精度选择是否适当。

（4）技术要求、技术特性是否完善、正确。

（5）零件编号是否齐全，标题栏和明细表是否符合要求，有无多余和遗漏。

（6）制图是否符合国家制图标准。

图纸经检查并修改后，待画完零件工作图再加深。

10.7.2 减速器装配图中常见错误示例分析

减速器装配图中常见错误示例分析见表 10.11～表 10.16。

参考图例：图 10.47 为双级圆柱齿轮减速器装配工作图。

表 10.11 轴系结构设计的正误示例之一

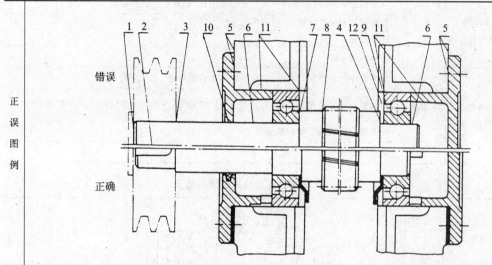

	错误类别	错误编号	说　明
错误分析	轴上零件的定位问题	1	与带轮相配处轴端应短些，否则带轮左侧轴向定位不可靠
		2	带轮考虑周向定位
		3	带轮右侧没有轴向定位
		4	右端轴承左侧没有轴向定位
	工艺不合理问题	5	无调整垫圈，无法调整轴承游隙；箱体与轴承端盖接合处无凸台
		6	精加工面过长，且装拆轴承不便
		7	定位轴肩过高，影响轴承拆卸
		8	齿根圆小于轴肩，未考虑插齿加工齿轮的要求
		9	右端的角接触球轴承外圈有错，排列方向不对
	润滑与密封问题	10	轴承透盖中未设计密封件，且与轴直接接触，缺少间隙
		11	油沟中的油无法进入轴承，且会经轴承内侧流回箱内
		12	应设计挡油环，阻挡过多的稀油进入轴承

表 10.12　轴系结构设计的正误示例之二

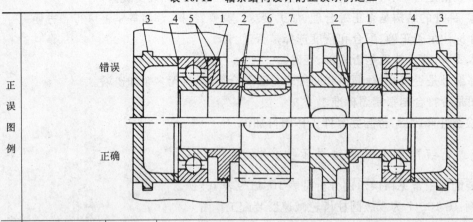

	错误类型	错误编号	说　　　明
错误分析	轴上零件的定位问题	1	与挡油盘、套筒相配轴段不应与它们相同长,轴承定位不可靠
		2	与齿轮相配轴段应短些,否则齿轮定位不可靠,且挡油盘、套筒定位高度太低,定位、固定不可靠
		3	轴承盖过定位
	工艺不合理问题	4	轴承游隙无法调整,应设计调整环或其他调整装置
		5	挡油盘不能紧靠轴承外圈,与轴承座孔间应有间隙,且其沟槽应露出内机壁一点
		6	两齿轮相配轴段上的键槽应置于同一直线上
		7	键槽太靠近轴肩,易产生应力集中

表 10.13　轴系结构设计的正误示例之三

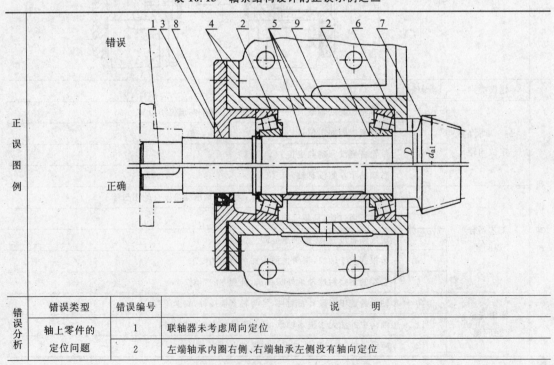

	错误类型	错误编号	说　　　明
错误分析	轴上零件的定位问题	1	联轴器未考虑周向定位
		2	左端轴承内圈右侧、右端轴承左侧没有轴向定位

96

错误分析	错误类型	错误编号	说　明
错误分析	工艺不合理问题	3	轴承端盖应减少加工面
		4	轴承游隙及小锥齿轮轴的轴向位置无法调整
		5	轴、套杯精加工面太长
		6	轴承无法拆卸
		7	D 小于锥齿轮轴齿顶圆直径 d_{a1}，轴承装拆很不方便
	润滑与密封问题	8	轴承透盖未设计密封件，且与轴直接接触、无间隙
		9	润滑油无法进入轴承

表 10.14　轴系结构设计的正误示例之四

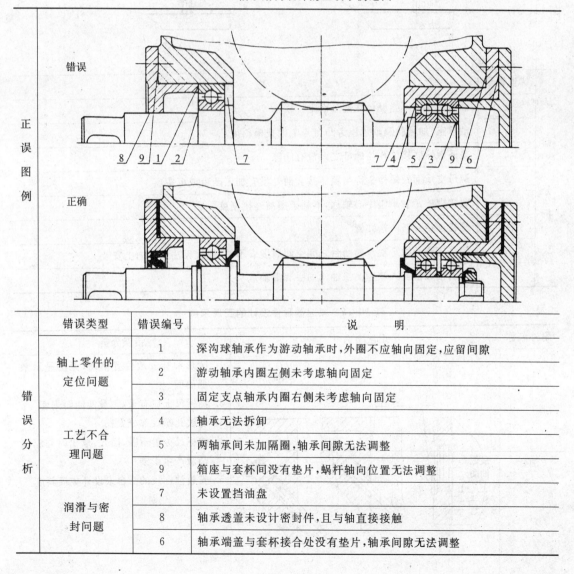

错误分析	错误类型	错误编号	说　明
错误分析	轴上零件的定位问题	1	深沟球轴承作为游动轴承时，外圈不应轴向固定，应留间隙
		2	游动轴承内圈左侧未考虑轴向固定
		3	固定支点轴承内圈右侧未考虑轴向固定
	工艺不合理问题	4	轴承无法拆卸
		5	两轴承间未加隔圈，轴承间隙无法调整
		9	箱座与套杯间没有垫片，蜗杆轴向位置无法调整
	润滑与密封问题	7	未设置挡油盘
		8	轴承透盖未设计密封件，且与轴直接接触
		6	轴承端盖与套杯接合处没有垫片，轴承间隙无法调整

表 10.15　箱体轴承座部位设计的正误示例

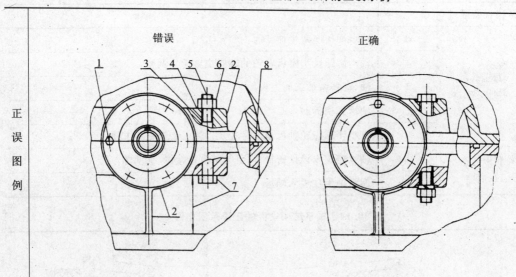

错误编号	说　　明
1	轴承盖螺钉不能设计在剖分面上
2	轴承座、加强肋及轴承座旁凸台未考虑拔模斜度
3	普通螺栓联接的孔与螺杆之间没有间隙
4	螺母支承面及螺栓头部与箱体接合面处没有加工凸台或沉头座
5	联接螺栓距轴承座中心较远,不利于提高连接刚度
6	螺栓连接没有防松装置
7	箱体底座凸缘至轴承座凸台之间空间高度 h 不够,螺栓无法由下向上安装
8	润滑油无法流入箱座凸缘油沟内去润滑轴承

（左栏标注：正误图例　错误分析）

表 10.16　减速器附件设计的正误示例

附件名称	正误图例			错误分析
油标	错误	错误	正确	1. 圆形油标安放位置偏高,无法显示最低油面 2. 油标尺上应有最高、最低油面刻度 3. 螺纹孔螺纹部分太长 4. 油标尺位置不妥,插入、取出时与箱座凸缘产生干涉 5. 安放油标尺的凸台未设计拔模斜度

附件名称	正误图例	错误分析
放油孔及油塞	错误　　正确	1. 放油孔的位置偏高,使箱内的机油放不干净 2. 油塞与箱体接触处未设计密封件
窥视孔、视孔盖	错误 正确	1. 视孔盖与箱盖接触处未设计加工凸台,不便加工 2. 窥视孔太小,且位置偏上,不利于窥视啮合区的情况 3. 视孔盖下无垫片,易漏油
定位销	错误　　正确	锥销的长度太短,不利于装拆
吊环螺钉	错误　　正确	吊环螺钉支承面没有凸台,也未锪出沉头座,螺孔口未扩孔,螺钉不能完全拧入;箱盖内表面螺钉处无凸台,加工时易偏钻打刀
螺钉连接	错误　　正确	弹簧垫圈开口方向反了;较薄的被连接件上孔应大于螺钉直径;螺纹应画细实线;螺钉螺纹长度太短,无法拧到位;钻孔尾端锥角画错了

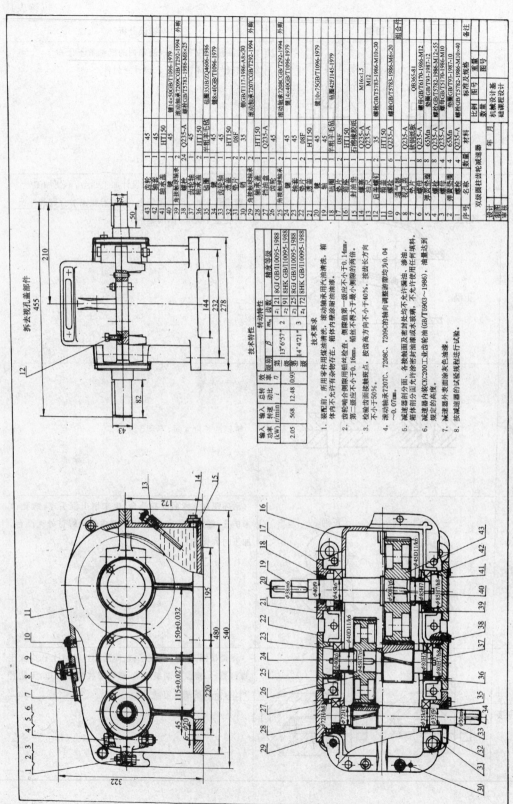

图 10.47 双级圆柱齿轮减速器装配工作图

技术特性

输入功率 (kW)	输入转速 r/min	总传动比	效率 η
2.05	568	12.48	0.93

转动特性

级别	m_n	β	齿数	精度等级
高速级	2	13°6'57"	z_1 = 21 z_2 = 91	8GJ GB/T10095-1988 8HK GB/T10095-1988
低速级	3	14°4'21"	z_3 = 25 z_4 = 72	8GJ GB/T10095-1988 8HK GB/T10095-1988

技术要求

1. 装配前，所有零件用煤油清洗干净。滚动轴承用汽油清洗。油清洗。箱体内不允许有杂物存在。箱体内壁涂耐油油漆。
2. 齿轮啮合侧隙用铅丝检查。侧隙应不小于0.14mm，铅丝直径不得大于最小侧隙的两倍。
3. 检验齿面接触斑点，按齿高方向不小于40%，按齿长方向不小于50%。
4. 滚动轴承7207C、7208C、7209C的轴向调整游隙均为0.04～0.07mm。
5. 减速器剖分面、各接触面及密封处均不允许漏油、渗油。箱体剖分面可涂以密封漆或水玻璃，不允许使用任何填料。
6. 减速器内装CKC200工业齿轮油(GB/T5903～1986)，油面达到规定的高度。
7. 减速器外表面涂灰色油漆。
8. 按减速器的试验规程进行试验。

序号	名称	数量	材料	备注
43	齿轮	1	45	键14×50GB/T1096-1979
42	轴套	1	45	
41	轴承端盖	1	HT150	
40	调整垫片	2	45	外购
39	螺栓	24	Q235-A	
38	角接触球轴承	2		滚动轴承7209CGB/T292-1994
37	键	1	Q235-A	螺栓GB/T5783-1986-M8×25
36	挡油盘	2	HT150	
35	齿轮	1	45	毡圈35JB/ZQ4606-1986
34	套筒	1	45	键8×40GB/T1096-1979
33	垫片	2	45	
32	销	2	HT150	
31	轴承端盖	2	35	销GB/T117-1986-A8×30
30	角接触球轴承	2		滚动轴承7207CGB/T292-1994
29	轴承端盖	1	HT150	
28	齿轮	1	Q235-A	
27	挡油盘	2	45	外购
26	轴	2	45	滚动轴承7208CGB/T292-1994
25	套筒	2	08F	
24	角接触球轴承	2	HT150	键10×75GB/T1096-1979
23	轴承端盖	1	45	毡圈42FJ145-1979
22	键	1	45	
21	轴	1	08F	
20	箱座	1	HT150	
19	吊环螺钉	1	Q235-A	M16×1.5
18	垫片	2	软钢纸板	M12
17	挡油盘	2	Q235-A	白铁皮做成
16	封油盖	1	Q235-A	
15	封油垫	1	HT150	
14	油标	1		
13	启盖螺钉	6	Q235-A	螺栓GB/T5783-1986-M10×30
12	箱盖	1	HT150	
11	通气器	1		螺栓GB/T5783-1986-M6×20
10	视孔盖	1	Q235-A	组合件
9	油孔盖	1	软钢纸板	QB365-81
8	垫片	8	65Mn	螺栓GB/T6170-1986-M12
7	螺母	8	Q235-A	螺栓GB/T5782-1986-M12×55
6	螺栓	8	65Mn	
5	弹簧垫圈	4	Q235-A	螺栓GB/T5170-1986-M10
4	螺母	4	65Mn	螺栓GB/T93-1987-10
3	弹簧垫圈	4	Q235-A	螺栓GB/T5782-1986-M10×40
2	弹簧垫圈			
1	螺栓			

拆去视孔盖部件

11 零件工作图的设计和绘制

11.1 概述

机器或部件装配图的主要作用是表示各个部件或零件之间的相对位置、配合要求、结构形状以及总的外形尺寸和安装尺寸等,至于每个零件的结构尺寸和加工方面的要求在装配图中没有完全反映出来。因此,要把装配图中的各个零件制造出来,还必须绘制每个零件的工作图。合理设计和正确绘制零件工作图也是设计过程中的一个重要环节。

零件工作图是零件制造、检验和制定工艺规程的基本技术文件,它既要反映设计的意图又要考虑制造的可能性和合理性。一张正确设计的零件图可以起到减少废品、降低生产成本、提高生产率和机械使用性能的作用。

零件工作图的要求如下:

(1) 正确选择和合理布置视图。视图和剖面图的数量应尽量少,但必须清楚而正确地表达出零件各部分的结构形状和尺寸。

(2) 合理标注尺寸。根据零件的设计和工艺要求,正确地选择尺寸基准,恰当地标注尺寸,不遗漏,不重复。

零件的结构尺寸应从装配图中得到,并与装配图一致,不得任意更改,以防发生矛盾。但当装配图中零件的结构从制造和装配的可能性和合理性考虑,认为不十分合适时,也可在保持零件工作性能的前提下,修改零件的结构。但是在修改零件结构的同时,也要对装配图作相应的改动。

对装配图中未曾标明的一些细小结构,如退刀槽、圆角、倒角和铸件壁厚的过渡尺寸等,在零件图中都应完整、正确地绘制出来。

另外,有一些尺寸不应从装配图上推定,而应以设计计算为准,例如齿顶圆直径等。零件工作图上的自由尺寸应加以圆整。

(3) 标注公差及表面粗糙度。对配合尺寸和精度要求较高的尺寸,应标注尺寸的极限偏差,并根据不同要求标注零件的表面形状和位置公差。自由尺寸的公差一般可不注。

形位公差可用类比法或计算法确定,一般可凭经验类比。但要注意各公差值的协调,应使 $T_{形状} < T_{位置} < T_{尺寸公差}$。对于配合面,当缺乏具体推荐值时,通常可取形状公差为尺寸公差的 $25\% \sim 63\%$。

零件的所有加工表面都应注明表面粗糙度数值。遇有较多的表面采用相同的表面粗糙度数值时,为简便起见可集中标注在图纸的右上角,并加"其余"字样。

(4) 编写技术要求。编写技术要求时,凡是不便使用规定的符号和标志在图上直接标注的技术要求和注意事项,应该用文字逐项说明。其内容比较广泛多样,需视零件的要求而定。文字要简练、准确,避免引起误解。

(5) 画出零件工作图标题栏。标题栏反映了一张图样的综合信息,是图样的一个重要组

101

成部分。

11.2 轴类零件

11.2.1 视图

轴类零件(包括转轴、齿轮轴和蜗杆轴)一般只需一个视图,在有键槽和孔的地方,可增加必要的局部视图,对于螺纹退刀槽、砂轮越程槽等细小结构,必要时应绘制局部放大图,以便确切地表达出形状,并标注尺寸。

11.2.2 尺寸标注

轴类零件的尺寸主要是直径和长度。标注直径时,应特别注意有配合关系的部位。各段直径有几段相同时,都应逐一标注,不得省略。即使是圆角、倒角也应标注无遗,或者在技术要求中说明。

长度尺寸的标注应注意以下要求:

(1) 基准面的选择应以工艺基准面作为标注轴向尺寸的主要基准面。如图 11.1、图 11.2 所示,其主要基准面选择在轴肩 $I-I$ 处,它是大齿轮的轴向定位面,同时也影响其他零件在轴上的装配位置。只要正确地定出轴肩 $I-I$ 的位置,各零件在轴上的位置就能得到保证。

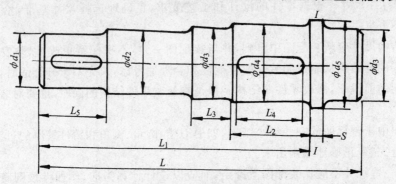

图 11.1 转轴尺寸标注

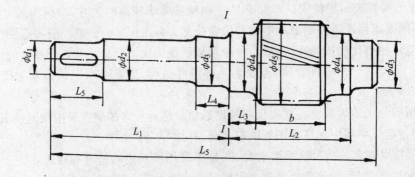

图 11.2 齿轮轴尺寸标注

图 11.2 为齿轮轴的实例,它的轴向尺寸主要基准面选择在 $I-I$ 处,该处是滚动轴承的定位面,图上是用轴向尺寸 L_1 确定这个位置的。这里应特别注意保证两轴承间的相对位置尺

寸,如 L_2 所示。

（2）应注意在标注轴向尺寸时不要出现封闭尺寸链。

11.2.3 尺寸公差

轴类零件工作图有以下几处需标注尺寸公差：

（1）安装传动零件（齿轮、蜗轮、带轮、链轮）、轴承以及其他转动件与密封装置处轴的直径公差。公差值按装配图中选定的配合性质从公差配合表中查出。

（2）键槽的尺寸公差。键槽的宽度和深度的极限偏差按 GB/T 1095—1979《平键和键槽的剖面尺寸及公差》的规定标注。为了检验方便，键槽深度一般应注 $d-t$ 的极限偏差（此时极限偏差取负值）。

（3）轴的长度公差。在普通减速器设计中，一般不作尺寸链的计算，轴的长度尺寸按自由公差处理，不必标注尺寸公差。

11.2.4 形位公差

普通减速器轴类零件的形位公差可按表 11.1 选择。

表 11.1　轴类零件形位公差选择

加 工 表 面	形状或位置公差	公差等级
与普通精度级滚动轴承配合的两个支承圆柱表面轴心线间的位置精度	同 轴 度	6 级或 7 级
与普通精度级滚动轴承配合的圆柱表面	圆 柱 度	6 级
定位端面（轴肩）	垂 直 度	6 级或 7 级
与齿（蜗）轮等传动零件毂孔的配合表面	径向跳动	6 级或 7 级
平键键槽宽度对轴心线的位置精度	对 称 度	7～9 级

11.2.5 表面粗糙度

轴类零件的表面粗糙度可按表 11.2 选择。

表 11.2　轴的表面粗糙度 R_a 荐用值　　　　　　　　　　　　　　　　（μm）

加 工 表 面	表 面 粗 糙 度 R_a			
与传动件及联轴器等轮毂相配合的表面	3.2～1.6			
与 G 级滚动轴承配合的表面	1 （$d\leqslant80$）　1.6 （$d>80$）			
与传动件及联轴器相配合的轴肩端面	6.3～3.2			
与滚动轴承相配合的轴肩端面	2 （$d\leqslant80$）　2.5 （$d>80$）			
平键键槽	6.3～3.2（工作表面）　12.5（非工作表面）			
密封处的表面	毡圈式	橡胶油封式		油沟及迷宫式
	与轴接触处的圆周速度（m/s）			
	≤3	>3～5	>5～10	3.2～1.6
	3.2～1.6	1.6～0.8	0.8～0.4	

11.2.6 技术要求

轴类零件工作图的技术要求主要包括下列几个方面：

（1）对材料的机械性能和化学成分的要求及允许代用的材料等。

（2）对材料表面性能的要求，如热处理方法、热处理后的硬度、渗碳层深度及淬火深度等。

（3）对机械加工的要求，如是否要保留中心孔（留中心孔时应在图中画出或按国家标准加以说明），若与其他零件一起配合加工（如配铰和配钻等）也应说明。

（4）对图中未注明的圆角、倒角的说明，个别部件的修饰加工要求以及对较长的轴要求毛坯校直等。

轴类零件工作图示例见图 13.5。为了使图上表示的内容层次分明，便于辨认和查找，对于不同的内容应分别画区标注，例如在轴的主视图下方集中标注轴向尺寸和代表基准的符号，在轴的主视图上方可标注形位公差以及表面粗糙度和需作特殊检验部位的引出线等。

11.3 齿轮类零件

齿轮类零件包括齿轮、蜗杆、蜗轮等，这类零件的工作图除了零件图形和技术要求外，还应有啮合特性表。

11.3.1 视图

齿轮类零件工作图可用一个视图（附轴孔和键槽的局部视图）或两个视图表示，可视具体情况根据机械制图的规定画法对视图作某些变化，有轮辐的齿轮应另外画出轮辐结构的横剖面图。

对组装的蜗轮，应分别画出组装前的零件图（齿圈和轮芯）和组装后的蜗轮图。切齿工作是在组装后进行的，因此组装前零件的相关尺寸应留出必要的加工余量，待组装后再加工到最后需要的尺寸。

齿轮轴和蜗杆轴按照 11.2 节轴类零件工作图的方法绘制。

11.3.2 标注尺寸和形位公差

齿轮为回转体，应以其轴线为基准标注径向尺寸，以端面为基准标注轴向宽度尺寸。分度圆是设计的基本尺寸，必须标注。轴孔是加工、测量和装配时主要基准，应标出尺寸、尺寸公差及形状公差（如图柱度）。齿轮两端面应标注位置公差（端面圆跳动）。齿顶圆的偏差值大小与其是否作为基准有关，应标注齿顶圆尺寸、尺寸公差和位置公差（齿顶圆径向圆跳动）。键槽应标注尺寸和尺寸公差，两侧面还应标明对称度。另外轮毂直径、轮辐（或腹板）等是齿轮生产加工中不可缺少的尺寸，均必须标明。其他如圆角、倒角、锥度等尺寸，应做到既不重复标注，又不遗漏。

齿轮的齿坯公差对传动精度影响较大，应根据齿轮的精度等级，查表 11.3 进行标注。齿（蜗）轮的形位公差推荐项目见表 11.4。

表 11.3　齿坯形状公差

齿轮精度等级[1]		6	7	8	9
基准孔	尺寸公差		H7		H8
	形状公差		6 级		7 级
基准轴径	尺寸公差		IT6		IT7
	形状公差		6 级		7 级
顶圆直径[2]			—IT8		—IT9

注：(1) 当三个公差组的精度等级不同时，按最高的精度等级确定公差值。

　　(2) 当顶圆不作测量齿厚的基准时，尺寸公差按 IT11 给定，但不大于 0.1 mm。

表 11.4　齿轮(蜗轮)轮坯的形位公差推荐项目

类　别	标 注 项 目	符　号	对工作性能的影响
位置公差	圆柱齿轮以顶圆作为基准时齿顶圆的径向跳动 圆锥齿轮的齿顶圆锥的径向圆跳动 蜗轮顶圆的径向圆跳动 蜗杆顶圆的径向圆跳动 基准端面对轴线的端面圆跳动	↗	影响齿厚的测量精度并在切齿时产生相应的齿圈径向跳动误差。产生传动件的加工中心与使用中心不一致，引起分齿不均。同时会使轴心线与机床垂直导轨不平行而引起齿向误差 影响齿面载荷分布及齿轮副间隙的均匀性
位置公差	键槽侧面对孔中心线的对称度	═	影响键齿侧面受载的均匀性及装拆难易
形状公差	轴孔的圆柱度	⌭	影响传动零件与轴配合的松紧及对中性

11.3.3　表面粗糙度

　　齿(蜗)轮类零件各加工表面的表面粗糙度可由表 11.5 选取。

表 11.5　齿(蜗)轮类零件表面粗糙度的选择

加 工 表 面		表面粗糙度 $R_a(\mu m)$		
		精度等级		
	零件名称	7	8	9
轮齿工作表面	圆柱齿轮、蜗轮	0.8	1.6	3.2
	圆锥齿轮、蜗杆	0.8	1.6	3.2
齿 顶 圆		1.6	3.2	3.2
轮 毂 孔		0.8	1.6	3.2
定 位 端 面		1.6	3.2	3.2
平 键 键 槽		工作表面 3.2 或 6.3，非工作表面 6.3 或 12.5		
轮圈与轮芯的配合表面		0.8	1.6	1.6
自由端面、倒角表面		12.5 或 6.3		

11.3.4　啮合特性表

　　齿轮(蜗轮)的啮合特性表应布置在图幅的右上角。其内容包括齿轮(蜗轮)的主要参数、精度等级和相应的误差检测项目。参见图13.6斜齿圆柱齿轮零件工作图。

11.3.5 技术要求

齿轮类零件图的技术要求包括：
(1) 对铸件、锻件或其他类型坯件的要求。
(2) 对材料的机械性能和化学成分的要求及允许代用的材料。
(3) 对零件表面机械性能的要求，如热处理方法、热处理后的硬度、渗碳深度及淬火深度等。
(4) 对未注明倒角、圆角半径的说明。

11.4 箱体零件

11.4.1 视图

箱体(箱盖和箱座)零件的结构比较复杂，一般需要三个视图表示。为了把它的内部和外部结构表示清楚，还需增加一些局部视图、局部剖视图和局部放大图。

11.4.2 尺寸标注

箱体类零件图上的尺寸较多，比较复杂，主要问题为：正确选择尺寸标注的基准，同时注意箱盖与箱座彼此对应的尺寸要排在相同的位置。现就箱座的标注方法简述如下(箱盖尺寸的标注方法基本相同)。

11.4.2.1 高度方向的尺寸

高度方向按所选基准面，可分为两个尺寸组：第一组尺寸，以箱座底平面为基准进行标注，如箱座高度、泄油孔和油标孔位置的高度，以及底座的厚度等；第二组尺寸，以分箱面为基准进行标注，如分箱面的凸缘厚度、轴承螺栓凸台的高度等。此外，表示某些局部结构的尺寸，也可以毛面为基准进行标注，如起吊钩的高度等。其中以底平面为主要基准，其余为辅助基准，因为加工分箱面、镗轴承孔和安装减速器都是以底平面为工艺基准。

11.4.2.2 宽度方向的尺寸

宽度方向的尺寸，应以减速箱体的对称中线为基准进行标注如螺栓(钉)孔沿宽度方向的位置、箱座宽度和起吊钩的厚度等。

11.4.2.3 长度方向的尺寸

沿长度方向的尺寸，应以轴承座孔为主要基准进行标注。图11.3中是以尺寸 L_1 先确定轴承座孔 ϕD_2(H7)的位置，再以轴承座孔为基准标注其他尺寸，如轴承座孔中心距、轴承螺栓孔的位置尺寸等。

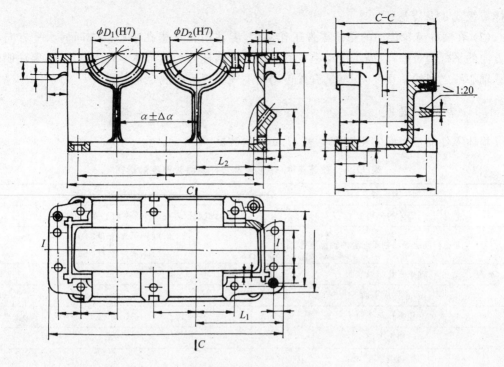

图 11.3 箱座的尺寸标注

11.4.2.4 地脚螺栓孔的位置尺寸

地脚及地脚螺栓孔沿长度和宽度方向的尺寸均应以箱座底座的对称中线为基准布置 和标注。此外,还应特别注明地脚螺栓孔的定位尺寸(如图 11.4 中的 L_2 所示),作为减速器安装定位用。

除上述主要尺寸以外,其余尺寸如检查孔、加强筋、油沟和起吊钩等应按具体情况选择合适的基准进行标注。

11.4.3 公差标注

11.4.3.1 尺寸公差

箱体零件工作图中应注明的尺寸公差如下:

(1)轴承座孔的尺寸偏差,按装配图所选定的配合标注。

(2)圆柱齿轮传动和蜗杆传动的中心距极限偏差,按相应的传动精度等级规定的数值标注。

(3)圆锥齿轮传动轴心线夹角的极限偏差,按圆锥齿轮传动公差规范的要求标注。

11.4.3.2 形位公差

箱体零件工作图中,应注明的形位公差项目如下:

(1)轴承座孔表面的圆柱度公差,采用普通精度等级滚动轴承时,选用 7 级或 8 级公差。

(2)轴承座孔端面对孔轴心线的垂直度公差,采用凸缘式轴承盖时为了对轴承定位正确,选择 7 级或 8 级公差。

（3）在圆柱齿轮传动的箱体零件工作图中,要注明轴承座孔中心线之间的水平方向和垂直方向的平行度公差,以满足传动精度的要求。在蜗杆传动的箱体零件工作图中,要注明轴承座孔轴心线之间的垂直度公差(见有关传动精度等级规范的规定)。

11.4.4 表面粗糙度

箱体零件加工表面的粗糙度见表 11.6 所列数据。

表 11.6 减速箱体、轴承盖及套杯表面粗糙度的选择

加 工 表 面	表面粗糙度 $R_a(\mu m)$
箱体的分箱面	1.6(刮研)(在 1 cm² 表面上要求不少于一个斑点)
与普通精度级滚动轴承配合的轴承座孔	0.8(轴承外径 $D \leqslant 80$ mm) 1.6(轴承外径 $D > 80$ mm)
轴承座孔凸缘端面	3.2
箱体底平面	25
检查孔接合面	6.3 或 12.5
油沟表面	25
圆锥销孔	0.8
螺栓孔、沉头座表面或凸台表面 箱体上泄油孔和油标孔的外端面	6.3 或 12.5
轴承盖或套杯的加工面	1.6 或 3.2(配合表面) 6.3(端面,非配合表面)

11.4.5 技术要求

箱体零件图上应提出技术要求,一般包括以下内容:

（1）对铸件清砂、修饰、表面防护(如涂漆)的要求说明。

（2）铸件的时效处理。

（3）对铸件质量的要求(如不许有缩孔、砂眼和渗漏等现象)。

（4）未注明的倒角、圆角和铸造斜度的说明。

（5）箱座与箱盖组装后配合定位孔,并加工轴承座孔和外端面等的说明。

（6）组装后分箱面处不许有渗漏现象,必要时可涂密封胶等的说明。

（7）其他必要的说明,如轴承座孔轴心线的平行度或垂直度在图中未注明时,可在技术要求中说明。

12 编写设计说明书及准备答辩

12.1 设计说明书的内容及要求

机械设计基础课程设计,要求编制以计算内容为主的设计计算说明书,并适当说明合理性、经济性以及关于润滑、密封和有关附件的选择等。

计算说明书是审核设计是否合理的技术文件之一,主要说明设计的正确性,故不必写出全部运算和修改过程。但要求计算正确、完整,文字简明通顺,书写整齐清晰,并按合理的顺序及规定的格式编制。计算部分只需写出计算公式,代入有关数据,即直接得出最后结果(包括"合用"、"安全"等结论)。

说明书应附有与计算有关的必要的简图(如轴的受力分析、弯矩、扭矩及结构图,轴承受力分析图以及箱体的主要结构简图)。用计算机计算的部分应编入相应的程序。

说明书的内容与设计任务有关。对于以减速器为主的机械传动装置设计,其说明书内容大致包括:

(1) 目录(标题,页次)。

(2) 设计任务书。

(3) 前言(题目分析,传动方案的拟订等)

(4) 电动机的选择。

(5) 传动系统的运动参数和动力参数计算(计算电动机所需的功率,选择电动机,分配各级传动比,计算各轴转速、功率和扭矩)。

(6) 传动零件的设计计算(确定带传动、齿轮或蜗杆传动的主要参数)。

(7) 轴的设计计算。

(8) 轴承的选择和计算。

(9) 键连接的选择和校核。

(10) 联轴器的选择。

(11) 箱体的设计(主要结构尺寸的设计计算及必要的说明),对蜗杆减速器要进行热平衡计算。

(12) 润滑和密封的选择,润滑剂的牌号及容量。

(13) 设计小结(简要说明课程设计的体会,本设计的优缺点及改进意见等)。

(14) 参考资料(资料的编号[ ]、作者、书名、出版单位和出版年、月)

设计计算说明书要用钢笔或圆珠笔写在规定格式的 16 开纸上,标出页次,编好目录,最后装订成册。封面及说明书用纸格式见图 12.1。

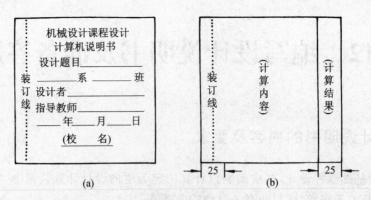

图 12.1 封面及说明书格式
(a) 封面 (b) 说明书

12.2 准备答辩

答辩是课程设计的最后环节。准备答辩,应系统地回顾和总结下面的内容:方案确定、受力分析、材料选择、工作能力计算、主要参数及尺寸确定、结构设计、设计资料和标准的应用,工艺性、使用、维护等各方面的知识;全面分析本次设计的优缺点,发现今后在设计中应注意的问题;初步掌握机械设计的方法和步骤,提高分析和解决工程实际问题的能力。

在答辩前,应将装订好的设计计算说明书、叠好的图纸(见图 12.2)一起装入袋内,准备进行答辩。

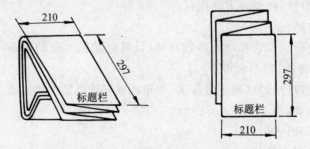

图 12.2 图纸折叠

通过答辩,找出设计计算和图纸中存在的问题,进一步把还不甚懂或尚未考虑到的问题搞清楚,扩大设计中取得的收获,以达到课程设计的目的和要求。

13 机械设计基础课程设计示例

设计题目:皮带运输机传动装置中的一级圆柱齿轮减速器。

运动简图:见图 13.1。

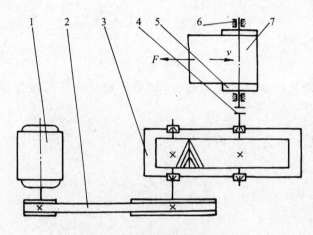

图 13.1 带式输送机传动装置之一

1—电动机;2—三角(V型)带传动;3—减速器;4—联轴器;5—滚筒;6—轴承;7—运输胶带

工作条件:运输机连续工作、单向运转、载荷平稳、空载起动、使用期 10 年,两班制工作。输送带速度容许误差为 ±5%。

原始数据:输送带拉力:$F=2\,000\,\mathrm{N}$;输送带速度:$v_\mathrm{w}=1.7\,\mathrm{m/s}$;滚筒直径:$D=400\,\mathrm{mm}$。

13.1 传动装置的总体设计

13.1.1 选择电动机

(1)传动装置效率:

$$\eta = \eta_1\eta_2^2\eta_3\eta_4\eta_5$$

式中:η_1 为三角带的传动效率,取 $\eta_1=0.96$;η_2 为两对滚动轴承的效率,取 $\eta_2=0.99$;η_3 为一对圆柱齿轮的效率,取 $\eta_3=0.97$;η_4 为弹性柱销联轴器的效率,取 $\eta_4=0.98$;η_5 为运输滚筒的效率,取 $\eta_5=0.96$。

所以,$\eta=0.96\times0.99^2\times0.97\times0.98\times0.96=0.86$

(2)电动机所需功率

$$P = \frac{Fv_\mathrm{w}}{1\,000\eta} = \frac{2\,000\times1.7}{1\,000\times0.86} = 3.95\,(\mathrm{kW})$$

(3)选择电动机型号:根据工作条件,选择一般用途的 Y 系列三相异步电动机,根据电动机所需功率,并考虑到电动机转速越高,总传动比越大,减速器的尺寸也相应增大,所以选用

Y132M1—6 型电动机。其额定功率为 4 kW,满载转速 $n=960$ r/min,电动机轴颈直径 $D=38$ mm。电动机外廓尺寸为 515 mm×280 mm×315 mm。

13.1.2 总传动比及其分配

(1)滚筒轴工作转速:
$$n_w = 6 \times 10^4 \times v_w(\pi D) = 6 \times 10^4 \times 1.7/(\pi \times 400) = 81 \text{ (r/min)}$$

(2)总传动比:
$$i = n/n_w = 960/81 = 11.85$$

(3)传动比分配:
$$i = i_b i_g$$

为使三角带传动的外廓尺寸不致过大,取带传动比 $i_b = 3$,减速器传动比 $i_g = i/i_b = 11.85/3 = 3.95$。

13.1.3 运动参数和动力参数的计算

(1)各轴转速:

Ⅰ轴:$n_1 = n/i_b = 960/3 = 320$ (r/min)

Ⅱ轴:$n_2 = n_1 i_g = 320/3.95 = 81$ (r/min)

滚筒轴:$n_w = n_2 = 81$ (r/min)

(2)各轴上的功率:

Ⅰ轴:$P_1 = P\eta_1 = 3.95 \times 0.96 = 3.79$ (kW)

Ⅱ轴:$P_2 = P_1 \eta_2 \eta_3 = 3.79 \times 0.99 \times 0.97 = 3.64$ (kW)

滚筒轴:$P_w = P_2 \eta_2 \eta_4 = 3.64 \times 0.99 \times 0.98 = 3.53$ (kW)

(3)各轴上的扭矩:

电机轴:$T_0 = 9550P/n = 9550 \times 3.95/960 = 39.29$ (N·m)

Ⅰ轴:$T_1 = 9550P_1/n_1 = 9550 \times 3.79/320 = 113.11$ (N·m)

Ⅱ轴:$T_2 = 9550P_2/n_2 = 9550 \times 3.64/81 = 429.16$ (N·m)

滚筒轴:$T_w = 9550P_w/n_w = 9550 \times 3.53/81 = 416.19$ (N·m)

将以上算得的运动参数和动力参数列表如表 13.1 所示。

表 13.1　电机轴的运动参数和动力参数表

参　数＼轴　名	电机轴	Ⅰ轴	Ⅱ轴	滚筒轴
转速 n(r/min)	960	320	81	81
功率 P(kW)	3.95	3.79	3.64	3.53
扭矩 T(N·m)	39.29	113.11	429.16	416.19
传动比 i	3.00		3.95	1.00
效率	0.96		0.96	0.97

13.2 圆柱齿轮传动的设计计算

13.2.1 选择齿轮材料及热处理方法

减速器为一般机器，没有特殊要求，从降低成本、减小结构尺寸和易于取材的原则出发，决定小齿轮选用 45 钢调质，齿面硬度为 217～255 HBS。大齿轮选用 45 钢正火，齿面硬度为 169～217 HBS。

13.2.2 计算齿轮的许用应用

(1) 计算许用接触应力 $[\sigma_H]$。

查教材，得小齿轮和大齿轮的接触疲劳极限分别为：

小齿轮(217－255HBS)

$\sigma_{Hlim1} = 580$ MPa

大齿轮(169～217 HBS)

$\sigma_{Hlim2} = 540$ MPa

循环次数：$N_1 = 60njL_n = 60 \times 320 \times 1 \times (10 \times 52 \times 40 \times 2) = 7.99 \times 10^8$

$\qquad N_2 = N_1/i = 7.99 \times 10^8/3.95 = 2.02 \times 10^8$

由教材查得：$Z_{N1} = 1.0$

$\qquad Z_{N2} = 1.08$

$\qquad S_H = 1.1$

齿面接触应力为：

$$[\sigma_H]_1 = Z_{N1} \times \sigma_{Hlim1}/S_H = 1 \times 580/1.1 = 527.3(\text{MPa})$$

$$[\sigma_H]_2 = Z_{N2} \times \sigma_{Hlim2}/S_H = 1.08 \times 540/1.1 = 530.2(\text{MPa})$$

取小值 $[\sigma_H] = [\sigma_H]_1 = 527.3(\text{MPa})$

(2) 计算许用弯曲应力 $[\sigma_F]$

由教材查得：

$$小齿轮(217～255HBS)$$

$$\sigma_{Flim1} = 440 \text{MPa}$$

$$大齿轮(169～217HBS)$$

$$\sigma_{Flim2} = 420 \text{MPa}$$

$$Y_{N1} = Y_{N2} = 1$$

$$S_F = 1.4$$

齿轮弯曲许用应力为：

$$[\sigma_F]_1 = Y_{N1}\sigma_{Flim1}/S_F = 1 \times 440/1.4 = 314.3(\text{MPa})$$

$$[\sigma_F]_2 = Y_{N2}\sigma_{Flim2}/S_F = 1 \times 420/1.4 = 300(\text{MPa})$$

13.2.3 齿轮参数设计

因为所设计的齿轮为软齿面齿轮，故按齿面接触强度确定齿轮的基本参数和主要尺寸。

(1) 初选参数：

选小齿轮齿数 $z_1 = 20$

大齿轮齿数 $z_2 = z_1 = 20 \times 3.95 = 78$

选螺旋角 $\beta = 10°$

(2) 按接触强度设计：

$$d_1 \geqslant \sqrt[3]{\frac{2KT_1(u \pm 1)}{\psi_d u}\left(\frac{(Z_E Z_H Z_\varepsilon Z_\beta)}{[\sigma_H]}\right)^2}$$

由教材查表得：载荷系数 $K = 1.2$

$$弹性系数 Z_E = 189.8\sqrt{N/mm^2}$$

$$节点区域系数 Z_H = \sqrt{\frac{2\cos\beta_b}{\sin\alpha_t \cdot \cos\alpha_t}}$$

因为 $\tan\alpha_t = \tan\alpha_n / \cos\beta = \tan20° / \cos10° = 0.3696$

$\alpha_t = 20.28°$

$\tan\beta_b = \tan\beta \cdot \cos\alpha_t = \tan10° \times \cos20.28° = 0.1654$

$\beta_b = 9.39°$

所以 $Z_H = \sqrt{\dfrac{2 \times \cos9.39°}{\sin20.28° \times \cos20.28}} = 2.464$

$Z_\varepsilon = \sqrt{1/\varepsilon_\alpha}$

$\varepsilon_\alpha = \left[1.88 - 3.2\left(\dfrac{1}{z_1} + \dfrac{1}{z_2}\right)\right]\cos\beta = \left[1.88 - 3.2\left(\dfrac{1}{20} + \dfrac{1}{79}\right)\right]\cos10° = 1.648$

$Z_\varepsilon = \sqrt{1/1.648} = 0.779$

螺旋角系数 $Z_\beta = \sqrt{\cos\beta} = \sqrt{\cos10°} = 0.9924$

取

$\Psi_d = 1$

$$d_1 \geqslant \sqrt{\frac{2 \times 1.2 \times 113.11 \times 10^3 \times (3.95 + 1)}{1 \times 3.95} \times \left(\frac{189.8 \times 2.464 \times 0.779 \times 0.9924}{527.3}\right)^2}$$

$= 54.2 \,(\text{mm})$

13.2.4 主要尺寸计算

(1) 模数：$m_n = \dfrac{d_1 \cos\beta}{z_1} = \dfrac{54.2}{20}\cos10° = 2.669$ 取 $m_n = 3 \,(\text{mm})$

(2) 中心距：$a = \dfrac{1}{2}\dfrac{m_n(z_1/z_2)}{\cos\beta} = \dfrac{1}{2} \times \dfrac{3 \times (20/79)}{\cos10°} = 150.79 \,(\text{mm})$

取 $a = 150 \,(\text{mm})$

(3) 计算实际螺旋角：

$$\beta = \arccos\frac{m_n(z_1 + z_2)}{2a} = \arccos\frac{3 \times (20 + 79)}{2 \times 150} = 8°7'$$

β 改变不大，系数 Z_H、Z_ε、Z_β 不再修正。

(4) 分度圆直径 d：

$$d_1 = \frac{z_1 m_n}{\cos 8°7'} = \frac{20 \times 3}{\cos 8°7'} = 66.606 \, (\text{mm})$$

$$d_2 = \frac{z_2 m_n}{\cos 8°7'} = \frac{79 \times 3}{\cos 8°7'} = 239.394 \, (\text{mm})$$

(5) 齿顶圆直径 d_a：

$$d_{a1} = d_1 + 2m_n h_{an}^* = 60.606 + 2 \times 3 \times 1 = 66.606 \, \text{mm}$$

$$d_{a2} = d_2 + 2m_n h_{an}^* = 239.394 + 2 \times 3 \times 1 = 245.394 \, \text{mm}$$

(6) 齿根圆直径 d_f：

$$d_{f1} = d_1 - 2m_n(h_{an}^* + c_n^*) = 60.606 - 2 \times 3 \times (1 + 0.25) = 53.106 \, \text{mm}$$

$$d_{f2} = d_2 - 2m_n(h_{an}^* + c_n^*) = 239.394 - 2 \times 3 \times (1 + 0.25) = 231.894 \, \text{mm}$$

(7) 齿宽：

$$b_2 = \Psi_d d_1 = 1 \times 60 = 60 \, \text{mm}$$

$$b_1 = 60 + 5 = 65 \, \text{mm}$$

13.2.5 按齿根弯曲疲劳强度校核

$$\sigma_F = \frac{2KT_1}{\Psi_d z_1^2 m_n^3} y_{Fa} y_{sa} y_\varepsilon y_\beta$$

(1) 当量齿数：

$$z_{v1} = z_1/\cos^3 \beta = 20/\cos^3 8°7' = 20.61$$

$$z_{v2} = z_2/\cos^3 \beta = 79/\cos^3 8°7' = 81.42$$

(2) 由教材查表得齿形系数：

$$y_{Fa1} = 2.78$$

$$y_{Fa2} = 2.22$$

(3) 由教材查表得应力修正系数：

$$y_{sa1} = 1.56$$

$$y_{sa2} = 1.77$$

(4) 重合度系数：

$$\varepsilon_a = [1.88 - 3.2(1/20 + 1/79)]\cos 8°7' = 1.658$$

$$y_\varepsilon = 0.25 + \frac{0.75}{\varepsilon_a} = 0.7023$$

(5) 螺旋角系数：

$$y_\beta = 1 - \varepsilon_\beta \frac{\beta}{120°}$$

$$\varepsilon_\beta = \frac{b \sin \beta}{\pi m_n} = \frac{60 \times \sin 8°7'}{\pi \times 3} = 0.898$$

$$y_\beta = 1 - 0.898 \times \frac{8°7'}{120°} = 0.939$$

(6) 弯曲应力：

$$\sigma_{F1} = \frac{2KT_1}{\Psi_d z_1^2 m_n^2} y_{Fa} y_{sa} y_\varepsilon y_\beta$$

$$= \frac{2 \times 1.2 \times 113.11 \times 10^3}{1 \times 20^2 \times 3^2} \times 2.78 \times 1.56 \times 0.7023 \times 0.939$$

$$= 71.89 \, \text{N/mm}^2) < [\sigma_F]_1$$

$$\sigma_{Fa2} = \sigma_{F1} \times \frac{y_{fa2} \, y_{sa2}}{y_{Fa1} \, y_{sa1}} = 71.89 \times \frac{2.22 \times 1.77}{2.78 \times 1.56} = 65.14 \, (\text{N/mm}^2) < [\sigma_F]_2$$

所以齿根弯曲强度足够。

13.2.6　确定齿轮传动精度等级

(1) 计算齿轮圆周速度 v。

$$v = \frac{\pi d_1 n_1}{6 \times 10^4} = \frac{\pi \times 60.606 \times 320}{6 \times 10^4} = 1.02 \, (\text{m/s})$$

(2) 确定齿轮精度等级及侧隙。

根据齿轮圆周速度和对噪音的要求确定齿轮精度等级及侧隙分别为：

小齿轮：8 GJ

大齿轮：8 FH

13.2.7　计算啮合力

圆周力

$$F_t = \frac{2T_1}{d_1} = \frac{2 \times 113.11 \times 10^3}{60.606} = 3733 \, (\text{N})$$

径向力

$$F_r = F_t \tan\alpha_n / \cos\beta = 3733 \times \tan 20° / \cos 8°7' = 1372 \, (\text{N})$$

轴向力

$$F_a = F_t \tan\beta = 3733 \times \tan 8°7' = 532 \, (\text{N})$$

计算结果见表 13.2。

表 13.2　齿轮啮合力计算表

项　　目		小齿轮	大齿轮
材料及热处理		45 钢调	45 钢正火
基本参数	齿数	20	79
	法面模数(mm)	3	
	分度圆法面压力角 α_n	20°	
	螺旋角及方向 β	8°7′左	8°7′右
	法面齿顶高系数 h_{an}^*	1	1
	法面顶隙系数 c_n^*	0.25	0.25
主要尺寸(mon)	中心距 a	150	
	齿宽 b	65	60
	分度圆直径 d	60.606	239.394
	齿顶圆直径 d_a	66.606	245.394
	齿根圆直径 d_f	53.106	231.894

项　目		小齿轮	大齿轮
精度等级(GB/T10095－1988)		8GJ	8FH
啮合力(N)	圆周力 F_t		3 733
	径向力 F_r		1 372
	轴向力 F_a		532

13.3　轴的设计

13.3.1　选取轴的材料和热处理的方法

运输机减速器是一般用途的减速器,所以轴的材料选用 45 钢,粗加工后进行调质处理便能满足使用要求。45 钢经调质处理后,硬度为 217～255 HBS,由教材查表得:

$$\sigma_B = 650\,\text{MPa}, \quad \sigma_s = 360\,\text{MPa}, \quad \sigma_{-1} = 300\,\text{MPa}, \quad [\sigma_{-1}] = 60\,\text{MPa}$$

13.3.2　按扭转强度估算轴的直径

轴的最小直径计算公式为:

$$d_{\min} \geqslant A\sqrt[3]{\frac{P}{n}}$$

由教材表,查得:

$$A = 118 \sim 107$$

轴: $\qquad d_{1\min} \geqslant (118 \sim 107)\sqrt[3]{\dfrac{3.79}{320}} = 26.90 \sim 24.38\,(\text{mm})$

轴: $\qquad d_{2\min} \geqslant (118 \sim 107)\sqrt[3]{\dfrac{3.64}{81}} = 41.95 \sim 38.04\,(\text{mm})$

滚筒轴: $\qquad d_{3\min} \geqslant (118 \sim 107)\sqrt[3]{\dfrac{3.53}{81}} = 41.53 \sim 37.65\,(\text{mm})$

在 Ⅰ 轴上,估取安装轴承处的轴径 $d_0 = 40\,(\text{mm})$,安装皮带盘轴径 $d_0 = 30\,(\text{mm})$,轴上其余轴径尺寸由结构要求而定。

在 Ⅱ 轴上,估取安装轴承处的轴径 $d_0 = 55\,(\text{mm})$,安装联轴器轴端轴径 $d_0 = 45\,(\text{mm})$,其余部分轴径尺寸由结构要求而定。

13.3.3　联轴器的选择

减速器输出轴与滚筒轴采用弹性柱销联轴器。由前计算知 $T_2 = 429.16\,\text{N} \cdot \text{m}$,由教材查表选用弹性柱销联轴器,型号为 HL3 联轴器 45×84GB/T5014－1985.

主要参数尺寸如下:

许用最大扭矩: $T_{\max} = 630\,\text{N} \cdot \text{m}$

许用最大转速: $n_{\max} = 5\,000\,\text{r/min}$

主动端: $d_1 = 45\,\text{mm}$,J_1 型轴孔 $L = 84\,\text{mm}$,A 型键槽。

从动端:$d_2 = 45$ mm,J_1 型轴孔 $L = 84$ mm,A 型键槽。

13.3.4 轴承的选择

Ⅰ轴:在Ⅰ轴上,既作用着径向力 F_r,又作用着轴向力 F_a,故选用圆锥滚子轴承,型号为30208。其主要尺寸如下:$d = 40$ mm,$D = 80$ mm,$T = 19.75$ mm,$B = 18$ mm。

Ⅱ轴:同样,在Ⅱ轴上选用轴承型号为30211。其主要尺寸如下:$d = 55$ mm,$D = 100$ mm,$T = 22.75, B = 21$ mm。

13.3.5 轴的结构设计

在Ⅰ轴上,两端的轴承已初选用30208型,与轴承配合的轴径为 $\phi 40$ mm,以轴肩作轴向定位,因此在安装小齿轮处的直径必须不小于 45 mm,但小齿轮的根圆直径只有 53 mm,故小齿轮应采用齿轮轴结构。

在Ⅱ轴上,两端的轴承已选用30211型,与轴承配合的轴径为 $\phi 55$ mm,一端以轴肩作轴向定位,齿轮从另一端装拆。故从轴肩开始,轴上各段径向尺寸应依次递减。

按Ⅰ轴和Ⅱ轴上零件装拆的先后顺序,周向及轴向固定方法以及工艺性等要求,作出Ⅰ轴和Ⅱ轴的结构设计。其中Ⅱ轴的结构设计和轴系部件结构如图 13.2(a) 所示。图中 $d_1 = \phi 45$ mm,公差带取 r_6,$d_2 = \phi 53$ mm,$d_3 = d_6 = \phi 55$ mm 公差带取 k6,$d_4 = \phi 58$ mm,公差带取 r6,$d_5 = \phi 65$ mm,$L_1 = 82$ mm,$L_2 = 102$ mm,$L_3 = 36$ mm,$L_4 = 57$ mm、$L_5 = 12$ mm,$L_6 = 21$ mm。

13.3.6 轴的强度计算

以Ⅱ轴为例,根据Ⅱ轴的结构设计,取 $L = 88$ mm,$L/2 = 44$ mm,由前面计算可知:$T_2 = 429.16$ N·m,$F_{t2} = 3733$ N,$F_{r2} = 1372$ N,$F_{a2} = 532$ N。

(1) 根据轴系部件结构图,作出轴系空间力图,如图 13.2(b) 所示。

(2) 作出Ⅱ轴垂直平面受力图,求支反力 R_{AV}、R_{BV},绘弯矩图 M_V,如图 13.2(c)

$$R_{BV} = \frac{\frac{d_2}{2} F_{a2} + \frac{L}{2} F_{r2}}{L} = \frac{\frac{239.394}{2} + 44 \times 1372}{88} = 1409.62 \, (\text{N})$$

$$R_{AV} = R_{BV} - F_{r2} = 1409.62 - 1372 = 37.62 \, (\text{N})$$

齿轮中心面左侧弯矩 M_{V1} 为:

$$M_{V1} = R_{AV} \frac{L}{2} = 37.62 \times 44 = 1655.28 \, (\text{N} \cdot \text{mm})$$

齿轮中心面右侧弯矩 M_{V2} 为:

$$M_{V2} = R_{BV} \frac{L}{2} = 1409.62 \times 44 = 62023.28 (\text{N} \cdot \text{m})$$

(3) 作出Ⅱ轴水平面受力图,求支反力 R_{AH}、R_{BH},绘弯矩图 M_H,如图 13.2(d) 所示。

$$R_{AH} = R_{BH} = \frac{F_t}{2} = \frac{3733}{2} = 1866.5 \, (\text{N})$$

$$M_H = R_{AH} \frac{L}{2} = 1866.5 \times 44 = 82126 \, (\text{N} \cdot \text{mm})$$

支反力 R_A、R_B,绘总弯矩图 M,如图 13.2(e) 所示。

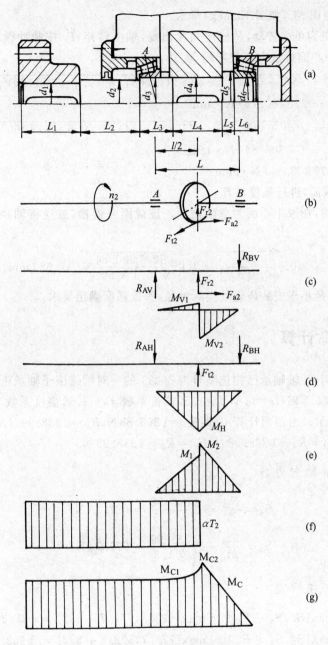

图 13.2　轴系空间力图

$$R_A = \sqrt{R_{AV}^2 + R_{AH}^2} = \sqrt{(37.62)^2 + (1\,866.5)^2} = 1\,866.88\,(\text{N})$$

$$R_B = \sqrt{R_{BV}^2 + R_{BH}^2} = \sqrt{(1\,409.62)^2 + (1\,866.5)^2} = 2\,338.99\,(\text{N})$$

齿轮中心面左侧总弯矩 M_1 为

$$M_1 = \sqrt{M_{V1}^2 + M_H^2} = \sqrt{(1\,655.28)^2 + (82\,126)^2} = 82\,142.68\,(\text{N} \cdot \text{mm})$$

齿轮面右侧总弯矩 M_2 为:

$$M_2 = \sqrt{M_{V2}^2 + M_H^2} = \sqrt{(62\,023.28)^2 + (82\,126)^2} = 102\,915.34\,(\text{N} \cdot \text{mm})$$

（5）绘转矩图，如图 13.2(f)所示。

(6) 绘当量弯矩图 M_c ,如图 13.2(g)所示。

因为皮带运输机为单向传动,从安全角度出发,轴上转矩 T_2 按脉冲循环考虑,故取校正系数 $\alpha=0.6$,齿面中心面处最大当量弯矩 M_c 为:

$$M_{c1} = \sqrt{M_1^2 + (\alpha T_2)^2} = \sqrt{(82\,142.68)^2 + (0.6 \times 429\,160)^2}$$
$$= 270\,280.16\,(\text{N} \cdot \text{mm})$$

$$M_{c2} = \sqrt{M_2^2 + (\alpha T_2)^2} = \sqrt{(102\,915.34)^2 + (0.6 \times 429\,160)^2}$$
$$= 277\,300.84\,(\text{N} \cdot \text{mm})$$

取 $M_c = M_{c2} = 277\,300.84\,(\text{N} \cdot \text{mm})$

(7) 选择危险截面,进行强度核算。

根据当量弯矩图,初取中心面为危险截面。该截面有键槽,故应将轴径加大 5%,由此得轴径 d 为:

$$d \geqslant 1.05\sqrt[3]{\frac{M_c}{0.1[\sigma_{-1}]}} = 1.05\sqrt[3]{\frac{277\,300.84}{0.1 \times 60}} = 37.68\,(\text{mm})$$

由计算结果可知,轴径小于安装齿轮处实际轴径,所以强度满足要求。

13.4　轴承寿命计算

以 Ⅱ 轴轴承为例,Ⅱ 轴轴承已初选型号为 30211 的一对圆锥滚子轴承正装,其有关数据如下:额定动载荷 $C=86.5\,\text{kN}$, $e=0.4$, $Y=1.5$,载荷系数 $f_P=1.1$,温度系数 $f_t=1.0$ 。轴承受力情况如图 13.3 所示。由前面计算可知: $R_A=1\,866.88\,\text{N}$, $R_B=2\,338.99\,\text{N}$ 。 R_A 、R_B 即为轴承径向力 F_{rA} 、F_{rB} 。 $F_{rA}=R_A=1\,866.88\,\text{N}$, $F_{rB}=R_B=2\,338.99\,\text{N}$ 。

13.4.1　计算内部轴向力 S

$$S_A = \frac{F_{rA}}{2Y} = \frac{1\,866.88}{2 \times 1.5} = 622.3\,(\text{N})$$

$$S_B = \frac{F_{rB}}{2Y} = \frac{2\,338.99}{2 \times 1.5} = 779.7\,(\text{N})$$

13.4.2　计算实际轴向力

$$F_{aA} = \max\{S_A, S_B - F_{a2}\} = \max\{622.3, 779.7 - 532\} = 622.3\,(\text{N})$$
$$F_{aB} = \max\{S_B, S_A + F_{a2}\} = \max\{779.7, 622.3 + 532\} = 1\,152.3\,(\text{N})$$

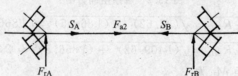

图 13.3　轴承受力图

13.4.3　取系数 X、Y 值

$$\frac{F_{aA}}{F_{rA}} = \frac{622.3}{1\,866.88} = 0.33 < e$$

由教材查表得 $X_A = 1, Y_A = 0$

$$\frac{F_{aB}}{F_{rB}} = \frac{1\,152.3}{2\,338.99} = 0.49 < e$$

由教材查表得 $X_B = 0.5, Y_B = 1.5$。

13.4.4 计算当量动载荷 P

$$P_A = f_P(X_A F_{rA} + Y_A F_{aA}) = 1.1 \times (1 \times 1\,866.88 + 0 \times 622.3)$$
$$= 2\,053.57\,(\text{N})$$
$$P_B = f_P(X_B F_{rB} + Y_B F_{aB}) = 1.1 \times (0.5 \times 2\,388.99 + 1.5 \times 1\,152.3)$$
$$= 3\,187.74\,(\text{N})$$

13.4.5 计算轴承额定寿命 L_h

因为 $P_B > P_A$，所以按右侧轴承计算轴承的额定寿命 L_h：

$$L_h = \frac{10^6}{60n}\left(\frac{f_t C}{P_B}\right)^3 = \frac{10^6}{60 \times 81}\left(\frac{1 \times 86\,500}{3\,187.74}\right) = 411\,115\,(\text{h})$$

由题给工作条件,该皮带运输机两班制工作,使用期限 10 年。若每年以 300 工作日计,则轴承的预期寿命为：

$$L = 8 \times 2 \times 300 \times 10 = 48\,000\,(\text{h})$$

由于 $L_h \gg L$,所以轴承合乎要求。

13.5　选用键并校核强度

以 Ⅱ 轴为例,Ⅱ 轴上安装齿轮处选用键的类型为：

A 型键 16×52GB/T1096—1979。$b = 16\,\text{mm}, h = 10\,\text{mm}, L = 56\,\text{mm}$,键槽深 $t = 6\,\text{mm}$,键工作长度 $l = L - 6 = 56 - 16 = 40\,(\text{mm})$,$T_2 = 429.16\,\text{N} \cdot \text{m}, d = 58\,\text{mm}$。

因为对于按标准选择的平键连接,具有足够的剪切强度,故按挤压强度进行强度校核。

$$\sigma_P = \frac{4T}{dhl} = \frac{4 \times 429.16 \times 10^3}{58 \times 10 \times 40} = 74\,(\text{MPa})$$

由教材查表得,键连接的许用挤压应力 $[\sigma]_P = (125 - 150)\text{MPa}$。显然 $\sigma_P < [\sigma]_P$,故连接强度足够,能够满足要求,安全。

Ⅱ 轴上安装联轴器处所选用键的类型为：键 14×75 GB/T1096—1979。$b = 14\,\text{mm}, h = 9\,\text{mm}, L = 75\,\text{mm}, t = 5.5\,\text{mm}, l = L - b = 75 - 14 = 61\,(\text{mm}), T_2 = 429.16\,\text{N} \cdot \text{m}, d = 45\,\text{mm}$。

$$\sigma_P = \frac{4T}{dhl} = \frac{4 \times 429.16 \times 10^3}{45 \times 9 \times 61} = 69.49\,(\text{MPa})$$

同样,$\sigma_P < [\sigma]_P$,故连接强度足够,能够满足要求,安全。

13.6　箱座、箱盖设计

箱座、箱盖的材料均用 HT200 铸造而成。其结构尺寸如下：

箱座壁厚：

$$\delta = 0.025a + 1 \geqslant 8 \, (\text{mm})$$

$$\delta = 0.025 \times 150 + 1 = 4.75 \, (\text{mm}), \text{取} \, \delta = 8 \, \text{mm}$$

箱盖壁厚：

$$\delta_1 = (0.8 \sim 0.85)\delta \geqslant 8 \, \text{mm},$$

$$\delta_1 = 0.85 \times 8 = 6.8 \, (\text{mm}), \text{取} \, \delta_1 = 8 \, \text{mm}$$

箱座凸缘厚度：

$$b = 1.5\delta = 1.5 \times 8 = 12 \, (\text{mm})$$

箱盖凸缘厚度：

$$b_1 = 1.5\delta_1 = 1.5 \times 8 = 12 \, (\text{mm})$$

箱座底凸缘厚度：

$$b_2 = 2.5\delta = 2.5 \times 8 = 20 \, (\text{mm})$$

地脚螺栓直径：

$$d_f = 0.036a + 12 = 0.036 \times 150 + 12 = 17.4 \, (\text{mm}), \text{取} \, d_f = 18 \, \text{mm}$$

轴承旁联接螺栓直径：

$$d_1 = 0.75d_f = 0.75 \times 18 = 13.5 \, (\text{mm}), \text{取} \, d_1 = 16 \, \text{mm}$$

箱座箱盖联接螺栓直径：

$$d_1 = 0.6d_f = 0.6 \times 18 = 10.8 \, (\text{mm}), \text{取} \, d_1 = 12 \, \text{mm}$$

轴承端盖螺钉直径：

$$d_3 = 0.5d_f = 0.5 \times 18 = 9 \, (\text{mm}), \text{取} \, d_3 = 10 \, \text{mm}$$

窥视孔螺钉直径：

$$d_4 = 0.3d_f = 0.3 \times 18 = 5.4 \, (\text{mm}), \text{取} \, d_4 = 6 \, \text{mm}$$

箱座加强筋厚度：

$$m > 0.85\delta = 0.85 \times 8 = 6.8 \, (\text{mm}), \text{取} \, m = 8 \, \text{mm}$$

箱盖加强筋厚度：

$$m_1 > 0.85\delta_1 = 0.85 \times 8 = 6.8 \, (\text{mm}), \text{取} \, m_1 = 8 \, \text{mm}$$

其余尺寸可按具体结构，参考图表而定。

13.7　齿轮和轴承的润滑

由于齿轮圆周速度 $v < 12 \, \text{m/s}$，因而采用浸油润滑。

减速器选用润滑油牌号：N46 机械润滑油。

减速器传动所需用油量：对于单级传动，按每传递 1 kW 的功率时，需油量 $V_0 = 0.35 \sim 0.70 \, \text{L}$（升）计算：

$$V_0 = (0.35 \sim 0.70) \times 4 = 1.4 \sim 2.8 \, \text{L}$$

故实际用油量 $V = 2.5 \, \text{L}$。

13.8　绘制减速器总装配图

见图 13.4。

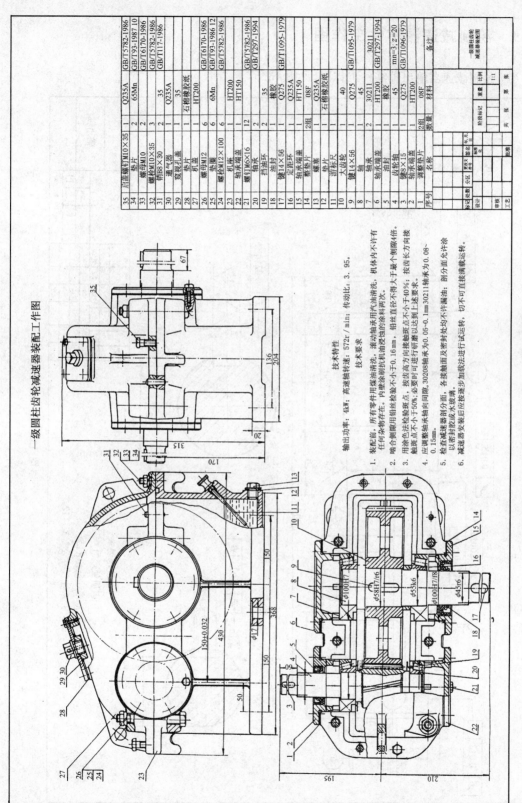

一级圆柱齿轮减速器装配工作图

技术特性

输出功率：4kW；高速轴转速：572r/min；传动比：3.95。

技术要求

1. 装配前，所有零件用煤油清洗。滚动轴承用汽油清洗。机体内许有任何杂物存在。内壁涂耐抗性油液蚀后涂料两次。

2. 用涂色法检验斑点，按齿高方向接触斑点不小于0.16mm，铅丝直径不得大于最小侧隙4倍。沿齿长方向接触斑点不小于50%，必要时进行研磨以达到上述要求。

3. 用涂色法检验斑点，按齿高方向接触斑点达到0.05~0.1mm，30208轴承为0.05~0.1mm轴承为0.08~0.15mm。

4. 应调整轴承轴向间隙，30211轴承0.05~0.1mm轴承为0.08~0.15mm。

5. 检查减速器剖分面、各接触面及密封处均不许漏油；剖分面允许涂以密封胶或水溶液，切不可接涂漆油。

6. 减速器安装后应按逐步加载满运转进行试运转，空载可直接满载运转。

图13.4 一级圆柱齿轮减速器（稀润滑油轴承）

序号	名称	数量	材料	备注
35	启盖螺钉M10×35	2	Q235A	GB/T5782-1986
34	垫片	2	65Mn	GB/T93-1987 10
33	螺母M10	3		GB/T6170-1986
32	螺栓M10×35	3	35	GB/T5782-1986
31	销B8×30	2	Q235A	GB/T117-1986
30	通气器	1	35	
29	窥视孔盖	1	石棉橡胶纸	
28	机盖	1	HT200	
27	垫片	1		
26	螺母M12	6	6Mn	GB/T6170-1986 12
25	垫圈	6		GB/T5782-1986
24	螺栓M12×100	1	HT200	
23	机座	12	HT150	
22	轴承端盖	2	35	
21	螺栓M6×16	1	橡胶	GB/T5782-1986
20	挡油环	1		GB/T297-1994
19	油封	1		
18	游标尺	1		
17	键14×56	1	40	GB/T1095-1979
16	定距环	1	Q275	
15	轴承端盖	2组	Q235A	
14	整垫片	1	HT150	
13	垫片	1	08F	
12	轴	1	Q235A	
11	油封	1	石棉橡胶纸	
10	大齿轮	1	40	
9	键14×56	1	Q275	GB/T1095-1979
8	轴	2	45	30211
7	轴承端盖	1	HT200	GB/T297-1994
6	轴	2	45	mn=3,z=20
5	油封	1	橡胶	
4	齿轮轴	1	45	GB/T1096-1979
3	键8×15	1	45	
2	轴承端盖	1	HT200	
1	调整垫片	2组	08F	

13.9　绘制减速器零件工作图

（1）绘制减速器输出轴零件工作图（见图 13.5）

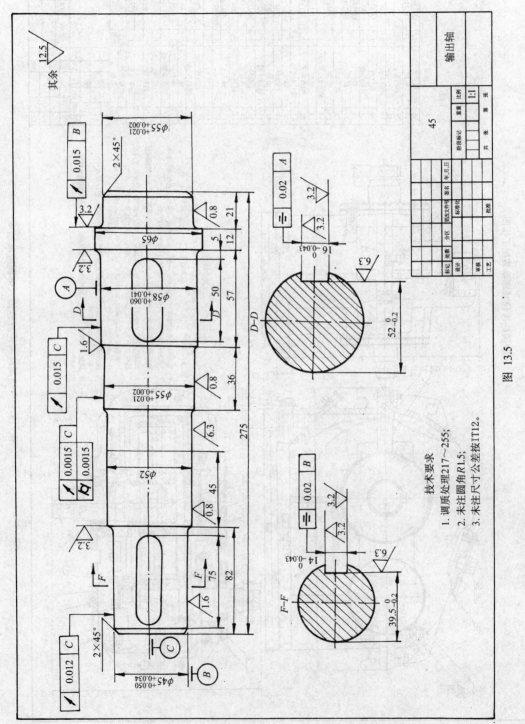

图 13.5

技术要求
1. 调质处理217~255;
2. 未注圆角R1.5;
3. 未注尺寸公差按IT12。

输出轴

（2）绘制减速器大齿轮零件工作图（见图13.6）

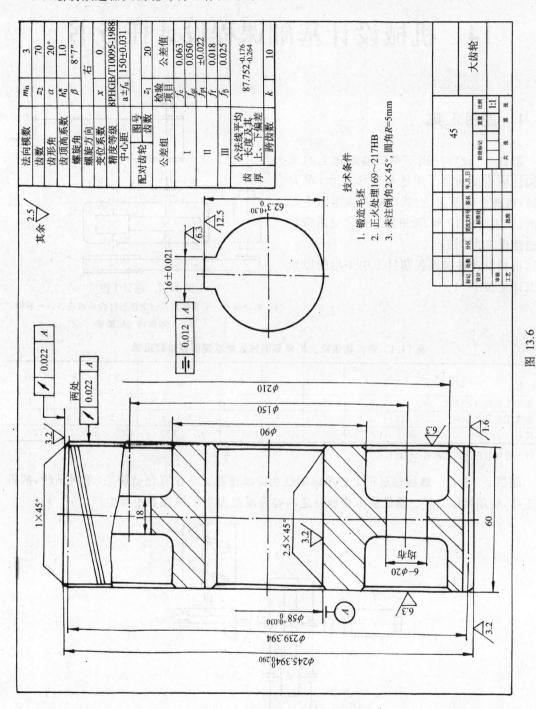

图 13.6

法向模数	m_n	3
齿数	z_2	70
齿形角	α	20°
齿顶高系数	h_a^*	1.0
螺旋角	β	8°7″
螺旋方向		右
变位系数	x	0
精度等级	8PHGB/T10095-1988	
中心距	$a \pm f_a$	150±0.031
图号		
配对齿轮	齿数	z_1	20

检验项目		公差值
公差组	I	f_i	0.063
		f_φ	0.050
	II	f_{pt}	±0.022
		f_f	0.018
	III	f_β	0.025
公法线平均长度及其上、下偏差		$87.752^{-0.176}_{-0.264}$
齿厚	跨齿数	k	10

技术条件

1. 锻造毛坯
2. 正火处理169~217HB
3. 未注倒角2×45°，圆角R=5mm

	大齿轮		
阶段标记	重量	比例	
		1:1	
45			
		共 张 第 张	

14　机械设计基础课程设计任务书

14.1　题目汇集

题目1　设计一用于带式输送机上的单级圆柱齿轮减速器。运输机连续工作,单向运转,载荷变化不大,空载启动。减速器小批生产,使用期限10年,两班制工作。输送带容许速度误差为5%。

机械设计基础课程题目1中采用的原始数据详见表14.1。

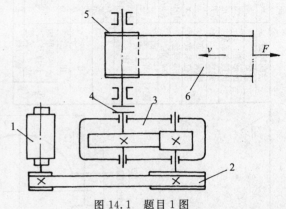

图 14.1　题目 1 图

1—电动机;2—V带传动;3—单级圆柱齿轮减速器;4—联轴器;5—卷筒;6—运输带

表 14.1　带式输送机上的单级圆柱齿轮减速器原始数据表

参数 \ 题号	1	2	3	4	5	6	7	8	9	10
运输带工作拉力 F(kN)	7	6.5	6	5.5	5.2	5	4.8	4.5	4.2	4
运输带工作速度 v(m/s)	1.1	1.2	1.3	1.4	1.5	1.6	1.7	1.8	1.9	2.0
卷筒直径 D(mm)	400	400	400	450	400	500	450	400	450	450

注:以上原始数据适用于题目1～题目8。

题目2　设计一螺旋输送机上的单级圆柱齿轮减速器。工作有轻微震动,单向运转,两班制工作,使用期限5年。输送机工作轴转速的容许误差为5%,减速器小批生产。

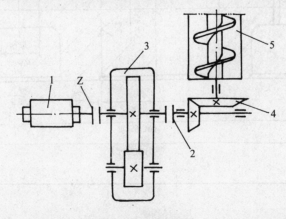

图 14.2　题目 2 图

1—电动机;2—联轴器;3—单级圆柱齿轮减速器;4—开式圆锥齿轮传动;5—输送螺旋

题目3　设计一链板式输送机传动用的带传动及直齿圆锥齿轮减速器工作平稳,单向运转。输送链速度容许误差5%。两班制工作,使用期限15年。

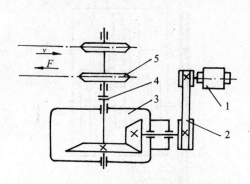

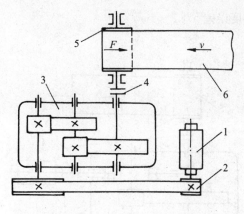

图 14.3　题目 3 图

1—电动机;2—V 带传动;3—单级圆锥齿轮减速器;
4—联轴器;5—运输链

图 14.4　题目 4 图

1—电动机;2—V 带传动;3—两级圆柱齿轮减速器;
4—联轴器;5—卷筒;6—运输带

　　题目 4　设计一用于带式输送机上的两级圆柱齿轮减速器。工作有轻震,经常满载,空载启动,单向运转,单班制工作。运输带容许速度误差为 5%。减速器小批生产,使用期限为 5 年。

　　题目 5　设计一用于带式运输机上的同轴式两级圆柱齿轮减速器。工作平稳,单向运转,两班制工作。运输带容许速度误差为 5%。减速器成批生产,使用期限 10 年。

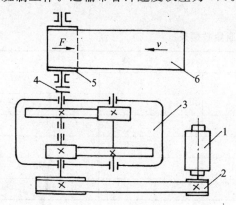

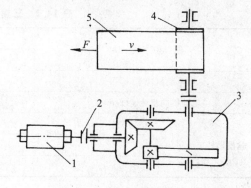

图 14.5　题目 5 图

1—电动机;2—V 带传动;3—两级圆柱齿轮减速器;
4—联轴器;5—卷筒;6—运输带

图 14.6　题目 6 图

1—电动机;2—联轴器;3—圆锥-圆柱齿轮减速器;
4—卷筒;5—运输带

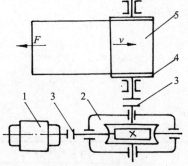

图 14.7　题目 7 图

1—电动机;2—蜗杆减速器;3—联轴器;
4—卷筒;5—运输带

　　题目 6　设计一用于带式运输机上的圆柱-圆锥齿轮减速器。工作经常满载,空载启动,工作有轻振,不反转。单班制工作。运输机卷筒直径 $D=320\,mm$,运输带容许速度误差为 5%。减速器为小批生产,使用期限 10 年。

　　题目 7　设计一带式运输机上用的蜗杆减速器。运输机连续工作,单向运转,载荷平稳,空载启动。运输带容许误差为 5%。减速器小批生产,使用期限 10 年,三班制工作。

　　题目 8　设计用于带式输送机上的蜗杆-圆柱齿轮减速器。减速器连续单向运转,载荷平稳,空载启动,使用期限 10 年,小批量生产,单班制工作,通风条件良好,运输带允许

127

速度误差 5%。

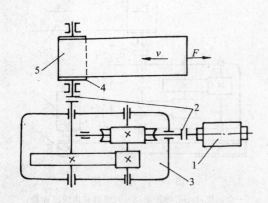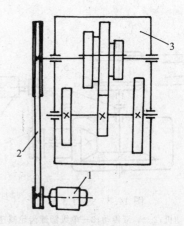

图 14.8　题目 8 图　　　　　　　　　图 14.9　题目 9 图

1—电动机;2—联轴器;3—蜗杆-齿轮减速器;　　　1—电动机;2—三角带传动;3—变速箱

4—卷筒;5—运输带

题目 9　设计三速变速器。单班制连续单向运转。载荷平稳,室内工作,有粉尘。小批生产,使用期限 10 年。

三速变速器中采用的原始数据详见表 14.2。

表 14.2　三速变速器原始数据表

原　始　数　据		题　号		
		9—1	9—2	9—3
电动机功率(kW)		2.2	3.0	4.0
电动机同步转速(r/min)		1 000	1 000	1 500
输出轴转速(r/min)	n_1	160	250	320
	n_2	230	370	400
	n_3	330	560	510

题目 10　设计一龙门式小型螺旋压力机。压力机主要用于机修车间的压力校正、压力装拆等。主要技术要求如下:

压力机最大输出压力为 25 kN;压头运动行程为 400 mm,运动速度 0.3 r/min;压力机内可放置物体尺寸高度为 500 mm,直径为 400 mm;压力机动力由电动机提供。

14.2　进度计划

机械设计基础课程设计进度计划详见表 14.3。

表 14.3　机械设计基础课程设计进度计划表

设计阶段	设　计　内　容	计划时间(天)
准备工作	1. 布置设计任务,说明设计题目的性质及设计内容; 2. 研究设计题目;准备设计资料	0.5

设计阶段	设 计 内 容	计划时间(天)
运动参数计算	1. 分析并确定传动方案； 2. 计算传动系统所需的总功率； 3. 选择电动机,记下所需电动机的参数及尺寸； 4. 确定总传动比,分配各级传动的传动比(交教师审查)； 5. 计算各轴的转速、功率及扭矩	1
传动机构设计	1. 设计带传动,确定型号、根数、带长、带轮外径及宽度、中心距及压轴力等； 2. 设计齿轮(蜗杆)传动,确定主要参数:齿数、模数、螺旋角、中心距(数值应圆整)、分度圆直径齿顶圆直径、齿宽等； 3. 设计二级减速器时,计算出各级齿轮的主要尺寸后,即应检查空间尺寸是否过大或是否有干涉现象,以及浸油润滑是否合适等	1.5
减速器装配底图设计	1. 按本教程第十章 10.1～10.5 所述内容进行装配底图设计； 2. 画好装配底图后,逐一检查轴结构,支承结构、箱体尺寸等设计的正确性、合理性,然后交教师审查	2.5
绘制装配图	1. 修改错、缺、不当之处,交教师审查； 2. 擦掉不必要的线条,适当加深各零件的外形轮廓线,画剖面线； 3. 编排零件号,标注外廓尺寸、定位尺寸及配合尺寸和安装尺寸； 4. 加注减速器技术特性及技术要求,填写标题栏； 5. 填写零件明细表； 6. 仔细检查后交教师审查	2.5
绘制零件图	绘制由教师指定的零件工作图	1
编制设计说明书	1. 按规定格式编写设计说明书； 2. 自行设计的零件结构应附简要的说明及简图； 3. 列出参考书目,注明资料来源	0.5
答辩	进行课程设计答辩	0.5

附　录

附录 I　曲柄摇杆机构连杆点轨迹绘制源程序

本程序用 BASIC 语言编制。

```
100 REM "L-GR"
110 HGR
120 HCOLOR=6
130 HPLOT 0,80 TO 279,80
140 HPLOT 140,0 TO 140,190
150 INPUT "A="; A: INPUT "B=";B:INPUT "C=";C:INPUT "D=";D:INPUT
    "E=";E:INPUT "F=";F
160 FOR G=0 TO 360 STEP 1
170 Z=3.141 592 654/180 * G
180 J=A * SIN(Z):K=A * COS(Z)-D
190 L=J/K
200 M=ATN(L)
210 P=[(K)∧2+(J)∧2+(B)∧2-(C)∧2]/2/B/K
220 N=-P * COS(M)
230 IF N>1 THEN 380
240 IF N<-1 THEN 380
250 U=-ATN[N/SQR(-N * N+1)]+1.570 763 3
260 H=U+M:V=F * 2 * 3.141 592 654/360+H
270 X=A * COS(Z)+E * COS(V)
280 Y=A * SIN(Z)+E * SIN(V)
290 X1=X * 100
300 Y1=Y * 100
310 HPLOT 140+X1,80-Y1
320 NEXT G
330 PR# 1
340 PRINT CHR$(17)
350 PRINT "A=";A:"B=";B:"C=";C:"D=";D:"E=";E:"F=";F
360 PR# 0
370 END
```

附录Ⅱ　Ｖ型带设计源程序及相关图表

Ⅱ.1　Ｖ型带的选择

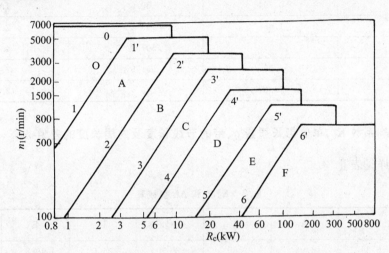

图Ⅱ.1　Ｖ型带功率—转速关系图

将图Ⅱ.1的折线拟合成以下公式：

斜线：
$$n_1' = K_4 P_C^{1.5} \qquad\qquad (\text{Ⅱ}.1)$$

水平线：
$$n_1' = n_{max} \qquad\qquad (\text{Ⅱ}.2)$$

式中 K_4、n_{max} 的值见表Ⅱ.1。

表Ⅱ.1　折线占转速关系表

斜　　线	K_4	水平线	v_{max}（r/min）
		0	6 500
1	650	1'	4 800
2	100	2'	3 500
3	22.5	3'	2 400
4	7	4'	1 500
5	1.45	5'	1 200
6	0.335	6'	700

Ⅱ.2　单根Ｖ带在特定条件下所能传递的功率

$$P_0 = \left(K_1 v^{-0.09} - \frac{K_2}{D_1} - K_3 v^2 \right) v \qquad\qquad (\text{Ⅱ}.3)$$

式中：v 为带的线速度（m/s）；D 为小带轮的节圆直径（mm）；K_1，K_2，K_3 为计算系数，见表Ⅱ.2。

型　　　号	K_1	K_2	$K_3 \times 10^4$
O	0.246	7.44	0.441
A	0.449	19.62	0.765
B	0.794	50.6	1.31
C	1.48	143.2	2.34
D	3.15	507.3	4.77
E	4.57	951.5	7.06
F	7.85	2 440	12.1

Ⅱ.3 弯曲影响系数 K_b，单位带长质量 q、带的节线长度及内周长度的差值 ΔL

上述参数详见表Ⅱ.3。

Ⅱ.3 K_b、q 和 ΔL 参数表

型　号	O	A	B	C	D	E	F
$K_b \times 10^3$	0.39	1.03	2.65	7.5	26.6	49.8	128.1
q(N/m)	0.6	1.0	1.7	3.0	6.2	9.0	15.2
ΔL(mm)	25	33	40	59	76	96	119

将表Ⅱ.1、Ⅱ.2、Ⅱ.3 及小带轮节圆直径 D_1 组成数值，并将该表构成二维数组 $A(I,J)$，见表Ⅱ.4。

表Ⅱ.4 二维数组表

		J 0	1	2	3	4	5	6	7	8	9	10	11
		$K_b \times 10^3$	q	ΔL	K_1	K_2	$K_3 \times 10^4$	K^4	\multicolumn{4}{c}{D_1}	n_{max}
I									1	2	3	4	
0	O	0.39	0.6	25	0.246	7.44	0.441	650	63	71	80	90	6 500
1	A	1.03	1.0	33	0.449	19.62	0.765	100	90	100	112	125	4 800
2	B	2.65	1.7	40	0.794	50.6	1.31	22.5	125	140	160	180	3 500
3	C	7.5	3.0	59	1.48	143.2	2.34	7	200	224	250	280	2 400
4	D	26.6	6.2	76	3.15	507.3	4.77	1.45	315	355	400	450	1 500
5	E	49.8	9.0	96	4.57	951.5	7.06	0.335	500	560	630	710	1 200
6	F	128.1	15.2	119	7.85	2 440	12.1		800	900	1 000		700

Ⅱ.4 选工况系数 K 的程序框图

该框图详见图Ⅱ.2。

选工况系数 K 的源程序 SUB—1：

```
485 REM SUB—1
490 IF T=2 THEN 515
495 IF LH>16 THEN K=1.2：GOTO 510
```

500 IF LH<=10 THEN K=1：GOTO 510

505 IF LH<=16 THEN K=1.1

510 K=K+(G-1)/10：GOTO 550

515 IF LH>16 THEN K-1.3： GOTO 530

520 IF LH<=10 THEN K=1.1： GOTO 530

525 IF LH<=16 THEN K=1.2

530 IF G=1 THEN K=K

535 IF G=2 THEN K=K+0.1

540 IF G=3 THEN K=K+0.3

545 IF G=4 THEN K=K+0.4；IF G=4 AND LH>16 THEN K=1.8

550 RETURN

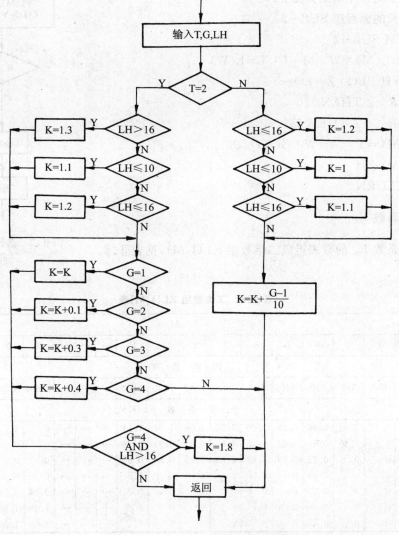

图Ⅱ.2 选工况系数 K 的程序框图

133

工作机	原 动 机					
	Ⅰ类			Ⅱ类		
	一天工作时间(h)					
	≤10	10～16	>16	≤10	10～16	>16
载荷平稳	1.0	1.1	1.2	1.1	1.2	1.3
载荷变动小	1.1	1.2	1.3	1.2	1.3	1.4
载荷变动大	1.2	1.3	1.4	1.4	1.5	1.6
载荷变动很大	1.3	1.4	1.5	1.5	1.6	1.8

Ⅱ.5　选择带长的程序框图

选择带长的程序框图见图Ⅱ.3。

选择带长的源程序 SUB-2：

555 REM SUB-2

560 H=L(M)：W=M-1：Y=L(W)

565 R=H-LO：Z=LO-Y

570 IF R>Z THEN 580

575 IF R<=Z THEN 585

580 L(M)=Y：M=W：GOTO 590

585 L(M)=H

590 RETURN

Ⅱ.6　长度系数 K_b

将长度系数 K_L 的数表组成二维数组 KL(I,M)，见表Ⅱ.6。

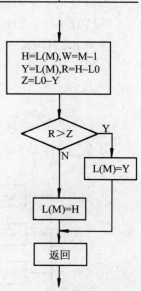

图Ⅱ.3　选择带长的程序
框图

表Ⅱ.6　二维数组 KL(I,M)表

I	型号	M															
		1	2	3	4	5	6	7	8	9	10	…	…	…	29	30	31	32
		内 周 长 度 L_1																
		450	500	560	630	710	800	900	1 000	1 120	1 250	…	…	…	11 200	12 500	14 000	16 000
		长 度 系 数　KL(I,M)																
0	O	0.89	0.91	0.94	0.96	0.99	1.00	1.03	1.06	1.08	1.11	…	…	…	0	0	0	0
1	A	0	0	0.80	0.81	0.82	0.85	0.87	0.89	0.91	0.93	…	…	…	0	0	0	0
2	B	0	0	0	0.78	0.79	0.80	0.81	0.84	0.86	0.88	…	…	…	0	0	0	0
3	C	0	0	0	0	0	0	0	0	0.8	…	…	…	0	0	0	0
4	D	0	0	0	0	0	0	0	0	0	0	…	…	…	1.14	0	0	0
5	E	0	0	0	0	0	0	0	0	0	0	…	…	…	1.09	1.12	1.15	1.18
6	F	0	0	0	0	0	0	0	0	0	0	…	…	…	1.06	1.09	1.13	1.16

注：长度系数 K_L 的空格，KL(I,M)中用 0 代入。

源程序 SUB-3：

595 REM SUB—3

600 KL(0,1)=0.89 : KL(0,2)=0.91 : KL(0,3)=0.94 : KL(0,4)=0.96 : KL(0,5)=0.99 : KL(0,6)=1 : KL(0,7)=1.03 : KL(0,8)=1.06 : KL(0,9)=1.08 : KL(0,10)=1.11 : KL(0,11)=1.14

605 KL(0,12)=1.16 : KL(0.13)=1.18 : KL(0,14)=1.20 : KL(0,15)=0 : KL(0,16)=0 : KL(0,17)=0 : KL(0,18)=0 : KL(0,19)=0 : KL(0,20)=0 : KL(0,21)=0 : KL(0,22)=0 : KL(0,23)=0

610 KL(0,24)=0 : KL(0,25)=0 : KL(0,26)=0 : KL(0,27)=0 : KL(0,28)=0 : KL(0,29)=0 : KL(0,30)=0 : KL(0,31)=0 : KL(0,32)=0

615 KL(1,1)=0 : KL(1,2)=0 : KL(1,3)=.8 : KL(1,4)=.81 : KL(1,5)=.82 : KL(1,6)=.85 : KL(1,7)=.87 : KL(1,8)=.89 : KL(1,9)=.91 : KL(1,10)=.93 : KL(1,11)=.96 : KL(1,12)=.99

620 KL(1,13)=1.01 : KL(1,14)=1.03 : KL(1,15)=1.06 : KL(1,16)=1.09 : KL(1,17)=1.11 : KL(1,18)=1.13 : KL(1,19)=1.17 : KL(1,20)=1.19 : KL(1,21)=0 : KL(1,22)=0 : KL(1,23)=0

625 KL(1,24)=0 : KL(1,25)=0 : KL(1,26)=0 : KL(1,27)=0 : KL(1,28)=0 : KL(1,29)=0 : KL(1,30)=0 : KL(1,31)=0 : KL(1,32)=0

630 KL(2,1)=0 : KL(2,2)=0 : KL(2,3)=0 : KL(2,4)=.78 : KL(2,5)=.79 : KL(2,6)=.80 : KL(2,7)=.81 : KL(2,8)=.84 : KL(2,9)=.86 : KL(2,10)=.88 : KL(2,11)=.90 : KL(2,12)=.93

635 KL(2,13)=.95 : KL(2,14)=.98 : KL(2,15)=1 : KL(2,16)=1.03 : KL(2,17)=1.05 : KL(2,18)=1.07 : KL(2,19)=1.1 : KL(2,20)=1.13 : KL(2,21)=1.15 : KL(2,22)=1.18 : KL(2,23)=1.2 : KL(2,24)=0 : KL(2,25)=0

640 KL(2,26)=0 : KL(2,27)=0 : KL(2,28)=0 : KL(2,29)=0 : KL(2,30)=0 : KL(2,31)=0 : KL(2,32)=0

645 KL(3,1)=0 : KL(3,2)=0 : KL(3,3)=0 : KL(3,4)=0 : KL(3,5)=0 : KL(3,6)=0 : KL(3,7)=0 : KL(3,8)=0 : KL(3,9)=0 : KL(3,10)=.81 : KL(3,11)=.81 : KL(3,12)=.84 : KL(3,13)=.85

650 KL(3,14)=.88 : KL(3,15)=.91 : KL(3,16)=.93 : KL(3,17)=.95 : KL(3,18)=.97 : KL(3,19)=.98 : KL(3,20)=1.02 : KL(3,21)=1.04 : KL(3,23)=1.09 : KL(3,22)=1.07 : KL(3,24)=1.12

655 KL(3,25)=1.15 : KL(3,26)=1.18 : KL(3,27)=1.2 : KL(3,28)=0 : KL(3,29)=0 : KL(3,30)=0 : KL(3,31)=0 : KL(3,32)=0

660 KL(4,1)=0 : KL(4,2)=0 : KL(4,3)=0 : KL(4,4)=0 : KL(4,5)=0 : KL(4,6)=0 : KL(4,7)=0 : KL(4,8)=0 : KL(4,9)=0 : KL(4,10)=0 : KL(4,11)=0 : KL(4,12)=0 : KL(4,13)=0 : KL(4,14)=0

665 KL(4,15)=0 : KL(4,16)=0 : KL(4,17)=0 : KL(4,18)=.86 : KL(4,19)=.89 : KL(4,20)=.91 : KL(4,21)=.93 : KL(4,22)=.96 : KL(4,23)=.98 : KL(4,24)=1 : KL(4,25)=1.03 : KL(4,26)=1.06

670 KL(4,27)＝1.08：KL(4,28)＝1.11：KL(4,29)＝1.14：KL(4,30)＝0：KL(4, 31)＝0：KL(4,32)＝0

675 KL(5,1)＝0：KL(5,2)＝0：KL(5,3)＝0：KL(5,4)＝0：KL(5,5)＝0：KL(5, 6)＝0：KL(5,7)＝0：KL(5,8)＝0：KL(5,9)＝0：KL(5,10)＝0：KL(5,11)＝ 0：KL(5,12)＝0：KL(5,13)＝0：KL(5,14)＝0：KL(5,15)＝0：KL(5,16)＝0

680 KL(5,17)＝0：KL(5,18)＝0：KL(5,19)＝0：KL(5,20)＝0：KL(5,21)＝.9： KL(5,22)＝.93：KL(5,23)＝.95：KL(5,24)＝.97：KL(5,25)＝1：KL(5,26)＝ 1.02：KL(5,27)＝1.05：KL(5,28)＝1.07：KL(5,29)＝1.09：KL(5,30)＝ 1.12：KL(5,31)＝1.15：KL(5,32)＝1.18

685 KL(6,1)＝0：KL(6,2)＝0：KL(6,3)＝0：KL(6,4)＝0：KL(6,5)＝0：KL(6, 6)＝0：KL(6,7)＝0：KL(6,8)＝0：KL(6,9)＝0：KL(6,10)＝0：KL(6,11)＝ 0：KL(6,12)＝0：KL(6,13)＝0：KL(6,14)＝0：KL(6,15)＝0：KL(6,16)＝0

690 KL(6,17)＝0：KL(6,18)＝0：KL(6,19)＝0：KL(6,20)＝0：KL(6,21)＝0：KL (6,22)＝0：KL(6,23)＝0：KL(6,24)＝.91：KL(6,25)＝.94：KL(6,26)＝.97： KL(6,27)＝1：KL(6,28)＝1.03：KL(6,29)＝1.06：KL(6,30)＝1.09：KL(6, 31)＝1.13：KL(6,32)＝1.16

695 RETURN

Ⅱ.7 选传动比系数 KI 的程序框图

选传动比系数 KI 的程序框图见图Ⅱ.4。

表Ⅱ.7 传动比 i 与 k_i 对照表

传动比 i	1～1.04	1.05～1.19	1.20～1.49	1.50～2.95	＞2.95
K_i	1	1.03	1.08	1.12	1.14

源程序 SUB－4：

```
700 REM SUB－4
705 IF U<=1.04 THEN KI=1
710 IF U<=1.19 THEN KI=1.03
715 IF U<=1.49 THEN KI=1.08
720 IF U<=2.95 THEN KI=1.12
725 IFU>2.95 THEN KI=1.14
730 RETURN
```

Ⅱ.8 V 带传动设计源程序

在实际应用中,应将前述各功能块中的子程序 SUB－1、SUB－2、SUB－3、SUB－4 添加在下面的源程序之后,形成一个完整的 V 型传动设计程序后再运行计算。其中,主程序与子程序的行号已经统一编排。

100 REM "V"

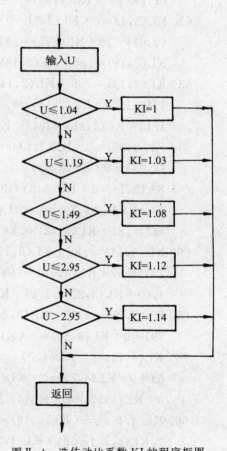

图Ⅱ.4 选传动比系数 KI 的程序框图

105 DIM A(7,12),N(6),L(32),B$(7),KL(7,32)

110 INPUT "P=";P∶INPUT"N=";N∶INPUT"U=";U∶INPUT"A1=";A1∶INPUT
"AO=";AO∶INPUT"G=";G∶INPUT"E=";E∶INPUT "LH=";LH∶INPUT
"T=";T

115 GOSUB 410

120 GOSUB 490

125 PC=K∗P

130 FOR I=0 TO 6

135 N(I)=A(1,6)∗PC∧1.5

140 IF N>N(I) THEN 160

145 IF N<A(5,6)∗PC∧1.5 THEN 155

150 GOTO 365

155 I=6

160 IF N>A(I,11) THEN 380

165 FOR J=7 TO 10

170 IF A(I,J)=0 THEN 395

175 V= INT (3.14159∗A(I,J)∗N/6E+4∗100+0.5)/100

180 IF V<5 THEN 360

185 IF V>25 THEN 375

190 DI=A(I,J)

195 D2=INT(U∗A(I,J)∗0.98+0.6)

200 U=INT (D2/A(I,J)/0.98∗100+0.5)/100

205 CI=D2+A(I,J)∶C₂=D2−A(I,J)

210 IF A1=0 THEN A2=AO∗C1∶GOTO 220

215 A2=A1

220 LO=2∗A2+3.14159∗C1/2+C2∧2/4/A2

225 FOR M=1 TO 32

230 READ L(M)∶IF LO<=L(M) THEN 240

235 NEXT M

240 RESTORE

245 GOSUB 560

250 GOSUB 595

255 IF KL(I,M)=0 THEN PRINT "NO";L(M)∶GOTO 360

260 L=L(M)+A(I,2)

265 A=INT((A2+(L−LO)/2)+0.5)

270 IF A<=0.5∗(D1+D2)25 THEN 390

275 S=INT (180−C2/A∗60)

280 IF S<120 THEN 385

285 KS=1.25∗(1−5∧(−S/180))

137

290 GOSUB 705

295 IF E=0 THEN KQ=0.75 : GOTO 305

300 KQ=1

305 PO=(A(I,3) * V∧−0.09−A(I,4)/A(I,J)−A(I,5) * V∧2) * V

310 P1=A(I,O) * N * (1−1/KI)

315 Z=INT(PC/(PO+P1)/KL(I,M)/KS/KQ+0.9)

320 IF Z>10 THEN 360

325 FO=INT(500 * PC * (2.5/KS−1)/V/Z+A(I,1) * V∧2/9.8+0.5)

330 Q=INT (Z * Z * FO * SIN(S/2 * 2 * 3.14159/360)+0.5)

335 PRINT

340 PRINT "P=";P;TAB(10);"N=";N : TAB(20);"LH=";LH;TAB(30);"U="U

345 PRINT B$(I);"−";L(M);"GB1171−74"

350 PRINT "D1=";D1;TAB(10);"D2=";D2;TAB(20);"A=";A;TAB(30);"Z=";
Z

355 PRINT "FO=";FO;TAB(10);"Q=";Q;TAB(20);"S=";S;TAB(30);"V=";V

360 NEXT J

365 NEXT I

370 GOTO 395

375 PRINT "$$$$";"V=";V:GOTO 395

380 PRINT "＃＃＃＃";"N=";N;GOTO 395

385 PRINT "＊＊＊＊";"S=";S:GOTO 395

390 PRINT "&&&&";"A=";A

395 END

400 DATA 450,500,560,630,710,800,900,1 000,1 120,1 250,1 400,1 600,1 800,2 000,
2 240,2 500,2 800,3 150,3 550,4 000,4 500,5 000,5 600,6 300,7 100,8 000,9 000,
10 000,11 200,12 500,14 000,16 000

405 REM SUB−O

410 B$(0)="0" : E$(1)="A" : B$(2)="B" : B$(3)="C" : B$(4)="D" : B$(5)=
"E" : B$(6)="F"

415 A(0,0)=.39E−3 : A(0,1)=.6 : A(0,2)=25 : A(0,3)=.246 : A(0,4)=7.44 :
A(0,5)=.441E−4 : A(0,6)=650 : A(0,7)=63 : A(0,8)=71 : A(0,9)=80 : A
(0,10)=90 : A(0,11)=6 500

420 A(1,0)=1.03E−3 : A(1,1)=1.0 : A(1,2)=33 : A(1,3)=0.449 : A(1,4)=
19.6 : A(1,5)=0.765E−4

425 A(1,6)=100 : A(1,7)=90 : A(1,8)=100 : A(1,9)=112 : A(1,10)=125 : A(1,
11)=4 800

430 A(2,0)=2.65E−3 : A(2,1)=1.7 : A(2,2)=40 : A(2,3)=0.794 : A(2,4)=
50.6 : A(2,5)=1.31E−4 : A(2,6)=22.5 : A(2,7)=125

435 A(2,8)=140 : A(2,9)=160 : A(2,10)=180 : A(2,11)=3 500

440 A(3,0)＝7.50E－3：A(3,1)＝3.0：A(3,2)＝59：A(3,3)＝1.48：A(3,4)＝
143.2：A(3,5)＝2.34E－4

445 A(3,6)＝7：A(3,7)＝200：A(3,8)＝224：A(3,9)＝250：A(3,10)＝280：A(3,
11)＝2 400

450 A(4,0)＝26.6E－3：A(4,1)＝6.2：A(4,2)＝76：A(4,3)＝3.15：A(4,4)＝
507.3：A(4,5)＝4.77E－4

455 A(4,6)＝1.45：A(4,7)＝315：A(4,8)＝355：A(4,9)＝400：A(4,10)＝450：A
(4,11)＝1 500

460 A(5,0)＝49.8E－3：A(5,1)＝9：A(5,2)＝96：A(5,3)＝4.57：A(5,4)＝
951.5：A(5,5)＝7.06E－4

465 A(5,6)＝0.335：A(5,7)＝500：A(5,8)＝560：A(5,9)＝630：A(5,10)＝710：A
(5,11)＝1 200

470 A(6,0)＝128.1E－3：A(6,1)＝15.2：A(6,2)＝119：A(6,3)＝7.85：A(6,4)＝
2 400：A(6,5)＝1.21E－5

475 A(6,7)＝800：A(6,8)＝900：A(6,9)＝1 000：A(6,11)＝700：

480 RETURN

参考文献

[1] 龚淋义. 机械设计课程设计指导书. 第二版. 北京:高等教育出版社,1990

[2] 龚淋义. 机械设计课程设计图册. 第三版. 北京:高等教育出版社。1989

[3] 唐增宝,何永然,刘安俊. 机械设计课程设计,修订版. 武汉:华中理工大学出版社,1998

[4] 吴宗泽,罗圣国. 机械设计课程设计手册。北京:高等教育出版社,1997

[5] 孙宝钧. 机械设计课程设计. 北京:机械工业出版社,1998

[6] 陈大白. 机械原理与机械零件实验指导书. 北京:高等教育出版社,1997

[7] 余俊,全永昕、余梦生、张英会. 机械设计. 第二版. 北京:高等教育出版社,1986

[8] 彭文生,黄华梁,王均荣等. 机械设计。武汉:华中理工大学出版社,1996

[9] 黄华梁,彭文生. 机械设计基础. 北京:高等教育出版社,1995

[10] 哈尔滨工业大学. 机械零件课程设计指导书. 北京:人民教育出版社,1982

[11] 黄锡恺,郑文纬. 机械原理. 北京:人民教育出版社,1981

[12] 杨可桢,程光蕴. 机械设计基础. 北京:高等教育出版社,1989

[13] 沈继飞. 机械设计. 上海:上海交通大学出版社,1994

[14] 朱友民,江裕金. 机械原理. 重庆:重庆大学出版社,1987

[15] 吕慧英. 机械设计基础. 上海:上海交通大学出版社,2001

[16] 姜柳林. 机械CAD基础实践. 北京:高等教育出版社,1998

[17] 孙靖民. 现代机械设计方法选讲. 哈尔滨:哈尔滨工业大学出版社,1992

[18] 徐灏. 新编机械设计师手册. 北京:机械工业出版社,1995